KB215059

주당셰프들의 오늘밤 술안주

이재훈 셰프 | 임철호 셰프 | 정지선 셰프 | 안재현 셰프 지음

수작걸다

PART. 01

이재훈 셰프의 와인 시간

PART. 02

임철호 셰프의 맥주 시간

PART. 03

정지선 셰프의 소주 시간

PART. 04

안재현 셰프의 전통주 시간

10 TO 10

with **탁주**

with **사케**

with **청주**

with **과실주**

PART. 01

이재훈 셰프의 와인 시간

밤 11시, 집으로 돌아와 익숙하게 와인 한 병을 꺼내 와인잔에 따라둡니다. 팬에 불을 켜고 안주를 준비하는 짧은 시간, 콧노래가 절로 나옵니다. 입안 가득 요리를 넣고 활짝 열린 와인 한 모금을 더하면, 어느새 피로는 저 멀리 사라집니다.
이재훈 셰프의 자기만의 시간, 와인 시간입니다.

그에게 와인이란...

"내가 만든 요리로 누군가의 마음을 채운다는 건 긴장과 설렘의 연속입니다. 한여름이면 40℃를 넘나드는 공간에서 땀과 기름 범벅인 채로 10시간 넘게 일하지만, 주방으로 되돌아오는 빈 접시를 보면 나도 모르게 입가에 미소가 생깁니다.

집으로 돌아와 우두커니 빈 공간에 불을 켭니다. 와인 한 병을 가져와 익숙하게 코르크를 열어 한 잔 따라두고 냉장고를 뒤적여 손에 잡히는 재료를 꺼내 팬에 올리지요. 콧노래를 부르며 10여 분 가볍게 요리를 마치고 와인과 곁들이면 하루의 피로가 사라지고 새로운 설렘이 채워집니다.

요리를 시작한지 20년, 돌이켜보면 매순간이 즐거웠습니다. 유학생활, 결혼 등 행복했던 순간들을 떠올리면 언제나 와인과 음식이 함께였지요. 책에 소개하는 와인과 요리 역시 행복했던 순간들에 대한 기록입니다. 이제는 불 켜진 나의 방을 비춰주는 사랑하는 아내와 함께 음식을 만들고 와인을 나눕니다. 늦은 밤 찾아오는 이 작은 행복을 이제 여러분과 나누고 싶습니다."

와인 페어링 키워드

질감

와인 페어링의 1순위는 질감, 즉 바디감입니다. 바디감에 따라 페어링의 범위도 무궁무진하지요. 라이트한 바디감은 물, 풀바디감은 우유로 표현되는데, 와인을 흔들었을 때 떨어지는 방울의 속도가 늦다면 바디감이 높은 편에 속합니다. 라이트한 바디감의 와인은 가벼운 요리와 풀바디한 와인은 맛과 향이 진한 음식과 페어링합니다.

향

와인의 향은 많은 것을 표현합니다. 시간에 흐름에 따라 그 향도 변화하는데, 가장 먼저 느껴지는 와인의 향과 식재료를 매칭하면 성공적인 페어링이 가능합니다. 만약 와인에서 후추나 오크의 향이 느껴진다면 고기가, 레몬이나 라임의 향이 느껴진다면 생선이 어울립니다.

색

와인은 품종별로 특별한 색과 특징이 있습니다. 카베르네 소비뇽이나 쉬라, 말백 등의 품종은 짙은 루비색을 띠고 진한 향을 냅니다. 반면 피노누아, 가메이 등은 옅은 체리색에 가볍고 발랄한 느낌을 주지요. 와인 캐릭터에 어울리는 페어링을 합니다.

온도

와인 페어링에서 빠질 수 없는 요소입니다. 생선요리에 뜨거운 화이트와인을 매칭하면 와인의 맛을 내기 어려울 뿐더러 산도가 도드라지기 쉽지요. 화이트와인과 스파클링와인은 8~10℃, 레드와인은 18℃의 온도에서 즐겨야 최적의 맛을 느낄 수 있습니다.

순서와 맛

맛을 보지 않고 와인을 논할 수는 없지요. 먼저 향을 통해 맛을 떠올리며 가볍게 한 모금 머금고 입안에 퍼지는 와인을 느껴봅니다. 이제 음식을 꼭꼭 씹어 음미한 후 입안에 음식의 여운이 있을 때 다시 와인을 마십니다. 입안이 깔끔하게 느껴지면 확실하게 페어링된 상태입니다.

WINE
이재훈 셰프의 와인 시간

FOUR VINES
2017
HOGWA

와인 셀렉트 가이드

레드와인 Red Wine
와인하면 제일 먼저 떠오르는 와인입니다. 세계적으로 카베르네 소비뇽, 멜롯, 시라, 산지오베제 등의 품종이 있으며 각 나라의 토양에 따라 그 맛과 향이 달라집니다. 레드와인 속 과실류, 오크, 후추, 허브의 향과 탄닌감이 요리를 느끼한 맛을 가볍게 잡아줍니다.

화이트와인 White Wine
샤르도네, 소비뇽 블랑, 리슬링 등의 청포도를 원료로 씨와 껍질을 제거하거나 적포도의 과육에서 나오는 즙만으로 만듭니다. 레드와인에서 느껴지는 혀를 조이는 듯한 탄닌감 없이 깨끗하고 청아한 맛이 밀려오지요. 열대과일, 버터, 허브, 풀 등의 향이 납니다.

스파클링와인 Sparkling Wine
펑~ 명쾌한 소리와 함께 쏟아져 나오는 기포와 거품이 특징인 발포성 와인입니다. 샴페인이라 불리는 프랑스 상피뉴를 필두로 스페인의 카바, 이탈리아의 스푸만테, 프랑스의 크레망이 대표적인 스파클링와인 지역이지요. 샤도네이, 피노누아 등의 품종으로 만들며, 신선한 꽃향기와 아몬드, 허브, 오크향이 납니다.

로제와인 Rose Wine
로제는 이탈리아어로 '장미'를 뜻합니다. 장밋빛 색상이 특징이지요. 일부 지역에서는 화이트와인과 레드와인을 섞어 만들기도 하지만 보편적으로 포도의 껍질과 과육을 함께 발효시키다가 색이 올라오면 껍질을 걸러 완성합니다. 숙성 없이 가볍게 즐기는 와인으로 사과, 허브, 딸기 등의 향을 지녔습니다.

와인+ 안주 페어링

레드와인 + 육류요리 or 치즈요리
같은 레드와인이라도 바디감에 따라 페어링이 달라집니다. 바디감이 가볍다면 빨간색 과일이나 닭고기, 모짜렐라치즈, 구운 채소 등을, 풀바디라면 고르곤졸라치즈, 소고기, 양고기 등의 향이 진한 음식을 페어링합니다.

화이트와인 + 해산물요리 or 채소요리
코끝을 상쾌하게 적시는 허브류, 청포도, 시트러스류의 향과 어울리는 요리를 페어링합니다. 풀바디한 타입이라면 프로슈토와 스테이크류를, 가벼운 타입이라면 아보카도, 치즈, 코코넛 등의 재료가 들어간 요리를 준비하세요.

스파클링와인 + 한식
맵고 짠 자극적인 한국 음식에 스파클링와인을 페어링하면 빛을 발하지요. 와인 속에 담긴 작은 보석 같은 거품이 자극적인 맛을 완충시켜줍니다. 와인 잔 속 거품이 꺼지기 전에 요리와 즐기세요.

로제와인 + 분식과 스낵
색부터 사랑스러운 장미빛 로제와인은 와인 컬러에 맞는 음식과 페어링합니다. 진한 향과 여운이 오래가는 음식보다는 회, 닭요리, 과일, 스낵처럼 가볍게 즐길 수 있는 요리와 잘 어울립니다.

ARGIOLAS
IS SOLINAS
RISERVA 2016
CARIGNANO DEL SULCIS
ARGIOLAS

10 TO 1

카망베르치즈구이 with 안투 리미티드 피노누아

구이 5분

치즈는 누가 뭐래도 최고의 와인 안주지요. 특히 과하지 않은 곰팡이향의 카망베르치즈는 구웠을 때 그 진가가 발휘됩니다. 안투는 아메리카 원주민 언어로 '태양'이라는 뜻으로, 이름처럼 찬란하고 매혹적인 이 와인을 꼭 카망베르치즈와 곁들여보세요.

INGREDIENT

카망베르치즈 1개(125g), 루꼴라잎 10장, 블루베리 7~10알, 메이플시럽·올리브유 2큰술씩, 호두 분태 1큰술

1 카망베르치즈는 반으로 갈라 두껍지 않게 준비한다.
2 루꼴라잎과 블루베리는 씻어 물기를 제거한다.
3 달군 팬에 올리브유를 두르고 ①의 카망베르치즈를 올려 10초간 굽는다. 이때 겉면이 바닥을 향하도록 올린다.
4 구운 카망베르치즈를 접시에 담고 메이플시럽을 뿌린 후 루꼴라잎, 블루베리, 호두 분태를 곁들인다.

PAIRING

안투 리미티드 피노누아

피노누아는 개인적으로 가장 좋아하는 품종이다. 프랑스 브루고뉴를 원산지로, 현재는 뉴질랜드, 미국, 칠레 등 많은 지역에서 재배 중이다. 체리, 장미, 허브, 진흙 등의 우아한 느낌의 향과 가녀린 피니시가 이 와인의 매력이다.

COOKING TIP

카망베르치즈는 겉면이 팬 바닥을 향하도록 구워야 치즈가 팬에 눌러붙지 않아요. 카망베르치즈와 브리치즈는 생산지만 다를 뿐 맛의 차이는 없으니 구입 가능한 것으로 사용하세요.

10 TO 2

케이준라이스 with 레볼라

볶음 10분

미국 남부의 쌀요리인 잠발라야를 응용해 만든 안주입니다.
케이준스파이스와 굴소스, 두반장을 적절히 조화시켜
이국적이면서도 맛있는 볶음밥을 완성했지요. 기분 좋게 피어나는
레볼라의 누룩향과 함께 잊지 못할 맛과 향을 선사합니다.

INGREDIENT

밥 1공기, 달걀 1개, 알새우 10마리, 양파 1/4개, 당근 1/8개,
다진 마늘·케이준스파이스 1큰술씩, 두반장·굴소스 1/2큰술씩,
식용유 5큰술

1 양파와 당근은 곱게 다진다.
2 팬에 식용유를 둘러 다진 마늘을 볶다가 다진 양파와 당근을 넣고 볶는다.
3 ②에 달걀과 알새우를 넣고 달걀이 완전히 익을 때까지 볶는다.
4 밥을 넣고 센불로 올려 볶다가 케이준스파이스, 두반장, 굴소스를 넣어 섞어가며 볶아 마무리한다.

PAIRING

레볼라
오렌지 와인의 나라 슬로베니아의 와인이다. 요즘 인기 있는 내추럴 와인으로, 서양배, 모과, 살구, 누룩의 향이 피어난다. 화학비료 없이 자연 그대로 만들어내 여러 면에서 독특하다.

COOKING TIP
미국과 유럽에서 즐겨 사용하는 케이준스파이스는 독특한 풍미가 특징입니다. 요리의 마지막 단계에 넣어주세요.

10 TO 3

막창김치볶음밥 with 호메세라 브뤼 카바

볶음 15분

아내가 가장 사랑하는 음식인 김치볶음밥에 고소한 막창을 더했습니다. 한 입 맛볼 때마다 김치볶음밥이 만들어낼 수 있는 최고의 사치라는 생각이 들지요. 김치의 매운맛에는 스파클링와인이 최고입니다. 매콤하게 얼얼해진 혀를 호메세라의 버블이 기분 좋게 마사지해줍니다.

INGREDIENT

밥 1공기, 막창 100g, 양파 1/4개, 달걀 1개, 잘게 썬 김치 5큰술, 굴소스·참기름 1큰술씩, 설탕·깨소금 1/2큰술씩, 후춧가루 1/3큰술, 식용유 5큰술

1 막창과 양파는 곱게 다진다.
2 팬에 식용유를 두르고 다진 막창을 넣고 먼저 볶는다.
3 약불로 줄여 다진 양파, 잘게 썬 김치, 설탕을 넣어 충분히 볶는다.
4 굴소스와 참기름, 후춧가루를 넣고 한 번 더 볶다가 센불로 올려 밥을 넣고 볶는다.
5 다른 팬에 식용유를 두르고 달걀프라이를 한다.
6 접시에 막창김치볶음밥을 넣고 달걀프라이와 깨소금을 올려 완성한다.

PAIRING

호메세라 브뤼 카바

스페인의 토착 품종인 마카베오, 자렐로, 파렐라다로 만든 와인이다. 청사과와 배, 시트러스한 향이 입안을 채우는데 시간이 지날수록 구수한 맛이 느껴져 자극적인 한국 음식과 최고의 페어링을 이룬다.

COOKING TIP

막창부터 볶은 후 채소와 김치를 볶아야 자연스럽게 막창의 감칠맛나는 기름이 스며듭니다. 김치는 약불로 천천히 볶아야 숨도 죽고 단맛도 나와요.

10 TO 4

반세오 with 브라이다 브라케토 다퀴

부침 20분

베트남 여행 중 거리에서 맛봤던 반세오도 와인 안주로 즐깁니다. 브라이다 브라케토 다퀴와 페어링하면 와인의 버블이 반세오 속 고기와 새우의 기름진 맛을 기분 좋게 날려줍니다. 이제 비 오는 밤에는 반세오부터 떠올라요.

INGREDIENT

돼지고기 50g, 새우 5마리, 숙주 1줌, 양파 1/4개,
칠리소스·굴소스 1큰술씩, 피시소스 1/2큰술, 식용유 10큰술

- **반죽** 튀김가루·녹말가루 2큰술씩, 물 1컵

1. 볼에 튀김가루와 녹말가루, 물 1컵을 풀어 반죽을 만든다. 반세오믹스가 있다면 3큰술에 물 1컵으로 반죽한다.
2. 돼지고기와 양파는 얇게 썬다.
3. 볼에 얇게 썬 돼지고기와 굴소스, 피시소스를 넣고 버무린다.
4. 팬에 식용유 2큰술씩을 두르고 돼지고기와 새우를 각각 볶는다.
5. 다른 팬에 나머지 식용유를 넉넉히 둘러 ①의 반죽을 부어 두껍지 않게 바삭하게 굽는다.
6. 한쪽 면이 거의 구워지면 ③의 돼지고기볶음과 새우볶음, 숙주, 양파를 올리고 칠리소스를 뿌린다.
7. 반으로 접어 접시에 담아낸다.

PAIRING

브라이다 브라케토 다퀴

와인의 매력에 처음 빠지게 만들었던 브라케토 품종의 와인이다. 약간의 버블이 느껴지는 발포성 레드와인으로 맛도 특별하다. 와인을 처음 접하는 분들께 추천하고 싶다.

COOKING TIP

돼지고기를 밑간할 때 피시소스가 없다면 까나리액젓을 약간 넣어주세요. 까나리액젓으로도 맛있게 만들 수 있어요.

10 TO 5

관자구이와 오렌지소스 with 포 바인 네이키드 샤도네이

구이 15분

파인다이닝 레스토랑에서만 먹던 관자요리도 혼술 와인 안주로 즐겨 만듭니다. 겉은 바삭하고 속은 촉촉한 관자요리에 상큼한 오렌지소스를 더했지요. 포 바인 네이키드 샤도네이와 함께하면 팝콘 같은 고소한 향이 관자와 어우러져 입가에 미소가 떠나지 않아요.

INGREDIENT

관자 5개, 오렌지 1개, 처빌 2장, 올리브유 2큰술, 버터 1큰술

- **오렌지소스** 오렌지주스 1/2컵, 버터 1큰술, 통후추 5알

1 관자는 키친타월에 올려 물기를 제거한다.

2 오렌지는 껍질을 벗기고 과육만 도려낸다.

3 팬에 오렌지주스와 버터 1큰술, 통후추를 넣고 10분간 졸여 농도가 느껴지는 오렌지소스를 만든다.

4 팬에 올리브유를 달구어 관자를 뒤집지 말고 한쪽 면만 굽는다.

5 관자가 어느 정도 익으면 불을 줄여 버터 1큰술과 처빌을 곁들인다.

6 접시에 구운 관자, 오렌지, 오렌지소스를 담는다.

PAIRING

포 바인 네이키드 샤도네이

기존의 샤도네이와는 완벽히 다른 와인이다. 한 모금 머금으면 유질감과 열대과일, 복숭아향, 페트롤향까지 매력적인 향들이 마치 폭죽처럼 이어진다.

COOKING TIP

오렌지소스를 만들 때는 반드시 오렌지 과육만 넣어주세요. 칼로 오렌지 껍질을 세로로 자른 뒤 칼집을 넣어 과육만 따로 도려냅니다.

10 TO 6

스팸튀김과 갈릭디핑소스 with 볼레르

튀김 15분

평소 따로 구입하지 않아도 떨어지지 않는 게 스팸이지요. 처치 곤란 스팸을 인기 만점의 튀김으로 변신시켰습니다. 볼레르의 진한 자두와 체리, 허브, 오크의 향이 느끼한 스팸튀김과 알싸한 갈릭디핑소스와 어우러져 최고의 궁합을 선사합니다.

INGREDIENT

스팸 1캔(200g), 튀김가루 3큰술, 커리가루 1큰술, 찬물 5큰술, 식용유 2컵

- **갈릭디핑소스** 마요네즈 2큰술, 다진 마늘 1/2큰술, 꿀 1/3큰술

1 스팸은 손가락 한 마디 모양으로 썬다.
2 볼에 튀김가루와 커리가루를 섞은 후 찬물이나 얼음물에 풀어 튀김옷을 만든다.
3 ①의 스팸에 ②의 튀김옷을 입힌다.
4 튀김냄비에 식용유를 붓고 180℃로 달구어 ③을 넣고 튀긴다. 2번 나누어 튀기면 더욱 바삭해진다.
5 분량의 재료를 모두 섞어 갈릭디핑소스를 만든다.
6 접시에 튀긴 스팸과 갈릭디핑소스를 곁들인다.

PAIRING

볼레르

스페인 여행 중 방문한 볼레르 와이너리에서 한 눈에 반한 와인이다. 템프라뇨 품종으로 진한 자두, 체리, 허브, 오크향이 매력적이다. 볼레르는 '돌아오다'라는 뜻을 지녔다.

COOKING TIP

갈릭디핑소스는 만든 후 시간이 지날수록 마늘향이 진해지므로 마늘의 양에 주의하세요. 꿀을 약간 넣어 달콤하게 즐겨도 좋아요.

10 TO 7

해산물스튜 with 펫무 샤르도네

스튜 10분

이탈리아 제노바에 놀러 갔을 때 친구 녀석이 바닷가에서 해산물을 한 봉지 사와 만들어준 요리입니다. 조리법은 너무 간단한데 깊은 맛이 일품이었지요. 약발포성의 펫무 샤르도네와 즐겨요.

INGREDIENT

오징어 1/2마리, 바지락 10개, 새우 5마리, 마늘 5쪽, 올리브·방울토마토 3개씩, 청양고추 1/2개, 바질잎 2장, 화이트와인·올리브유 3큰술씩, 토마토소스 2큰술, 물 1컵

1. 바지락은 미리 굵은소금과 스테인리스 소재의 수저나 포크를 넣은 물에 담아 어두운 곳에서 2시간 해감한다.
2. 오징어는 손질해 먹기 좋은 크기로 썬다.
3. 팬에 올리브유를 두르고 즉석에서 마늘을 으깨 넣고 약불에서 볶아 향을 낸다.
4. 마늘향이 난 팬에 청양고추를 슬라이스해 넣고 오징어와 새우, 해감한 바지락을 넣고 볶는다.
5. 해산물이 볶아지면 화이트와인을 넣어 향을 더한다.
6. 토마토소스와 물, 올리브, 방울토마토, 바질잎을 넣고 해산물이 익을 때까지 중불로 3분간 끓여 완성한다.

PAIRING

펫무 샤르도네

깔끔하게 마실 수 있는 와인이다. 민트, 시트러스 계열의 아로마가 특징. 해산물 요리와 페어링하면 술을 마시고 있다는 느낌보다는 하나의 음식을 맛보는 기분이 든다.

COOKING TIP

해산물 볶음요리에 화이트와인을 넣으면 특유의 비린내를 잡을 수 있어요. 모든 재료가 완전히 익으면 화이트와인을 넣어줍니다.

10 TO 8

해시브라운브루스케타 with 솔라니스

브루스케타 15분

납작한 빵에 이것저것 올려먹는 이탈리아 요리인 브루스케타를 야식 스타일로 표현했습니다. 부드러운 해시브라운과 감칠맛 나는 마요네즈가 찰떡 궁합을 이루지요. 다크초콜릿향이 서서히 느껴지는 솔라니스와 마법 같은 시간을 즐겨보세요.

INGREDIENT

바게트 1/4개, 해시브라운 2개, 양파 1/4개, 피클 5개, 엑스트라버진 올리브유 3큰술, 올리브유 2큰술, 마요네즈 1큰술, 후춧가루 1/4작은술

1 바게트는 1cm 크기로 썰어 팬에 노릇하게 구워낸다.
2 팬에 올리브유를 두르고 해시브라운을 약불로 노릇하게 굽는다.
3 양파와 피클은 곱게 다진다.
4 볼에 구운 해시브라운을 넣고 으깬다.
5 ④에 다진 양파와 피클, 마요네즈, 후춧가루를 넣어 섞는다.
6 구운 바게트에 엑스트라버진 올리브유를 바르고 ⑤를 올려낸다.

PAIRING

솔라니스

카리냥이라는 독특한 품종으로 만든 이탈리아 와인이다. 카리냥은 여러 품종을 섞을 때 양념처럼 넣어주는 품종으로, 솔리나스로 그 매력을 확실하게 느낄 수 있다. 허브와 다크체리, 후추의 향이 진하게 전해진다.

COOKING TIP

해시브라운은 부드럽게 즐길 수 있는 감자튀김으로, 으깨면 그 부드러움이 배가됩니다. 삶은 감자를 으깨 넣어도 좋아요.

10 TO 9

투움바라면 with 샤토 샤스 스플린

면요리 15분

유명한 패밀리레스토랑의 시그니쳐 요리인 투움바파스타에서 영감받아 만들어본 요리입니다. 진한 크림과 칼칼한 뒷맛이 어우러져 파스타를 싫어하는 분들도 좋아할 만한 요리지요. 가장 아끼는 와인인 샤토 샤스 스플린과 함께하면 세상 가장 행복한 밤입니다.

INGREDIENT

라면사리 1개, 라면수프 1/2봉지, 양파 1/4개, 양송이버섯 2개, 베이컨 1줄, 마늘 2쪽, 화이트와인 5큰술, 파마산치즈·올리브유 2큰술씩, 소금·후춧가루 약간씩, 생크림·우유 1컵씩

1 양파는 곱게 다지고 양송이버섯과 베이컨은 한입크기로 썬다.
2 팬에 올리브유를 두르고 즉석에서 마늘을 으깨 굽는다.
3 마늘기름이 난 팬에 ①의 준비한 재료를 모두 넣고 볶다가 노릇해지면 화이트와인을 넣어 향을 더한다.
4 ③에 생크림과 우유를 넣어 한소끔 끓인다.
5 라면사리는 끓는 물에 1분간 꼬들하게 삶는다. 이때 면 삶은 물 1/2컵은 따로 덜어둔다.
6 ④에 면 삶은 물 1/2컵을 붓고 삶은 면과 라면수프 1/2봉지, 파마산치즈, 소금, 후춧가루를 넣어 중불에서 섞어 마무리한다.

PAIRING

샤토 샤스 스플린

해마다 좋은 자리에 항상 빠지지 않고 가져가는 와인이다. 카베르네 소비뇽과 멜롯, 가베르네, 프랑이 블렌딩되어 잘 익은 블루베리와 짙은 자두향, 밀크초콜릿향이 난다. 가장 기억에 남는 와인이다.

COOKING TIP

재료의 볶는 단계 마지막에 화이트와인을 넣어 향을 내줍니다. 접시에 담기 직전 약불에서 달걀노른자를 풀어 라면에 섞어주면 더욱 진한 풍미를 느낄 수 있어요.

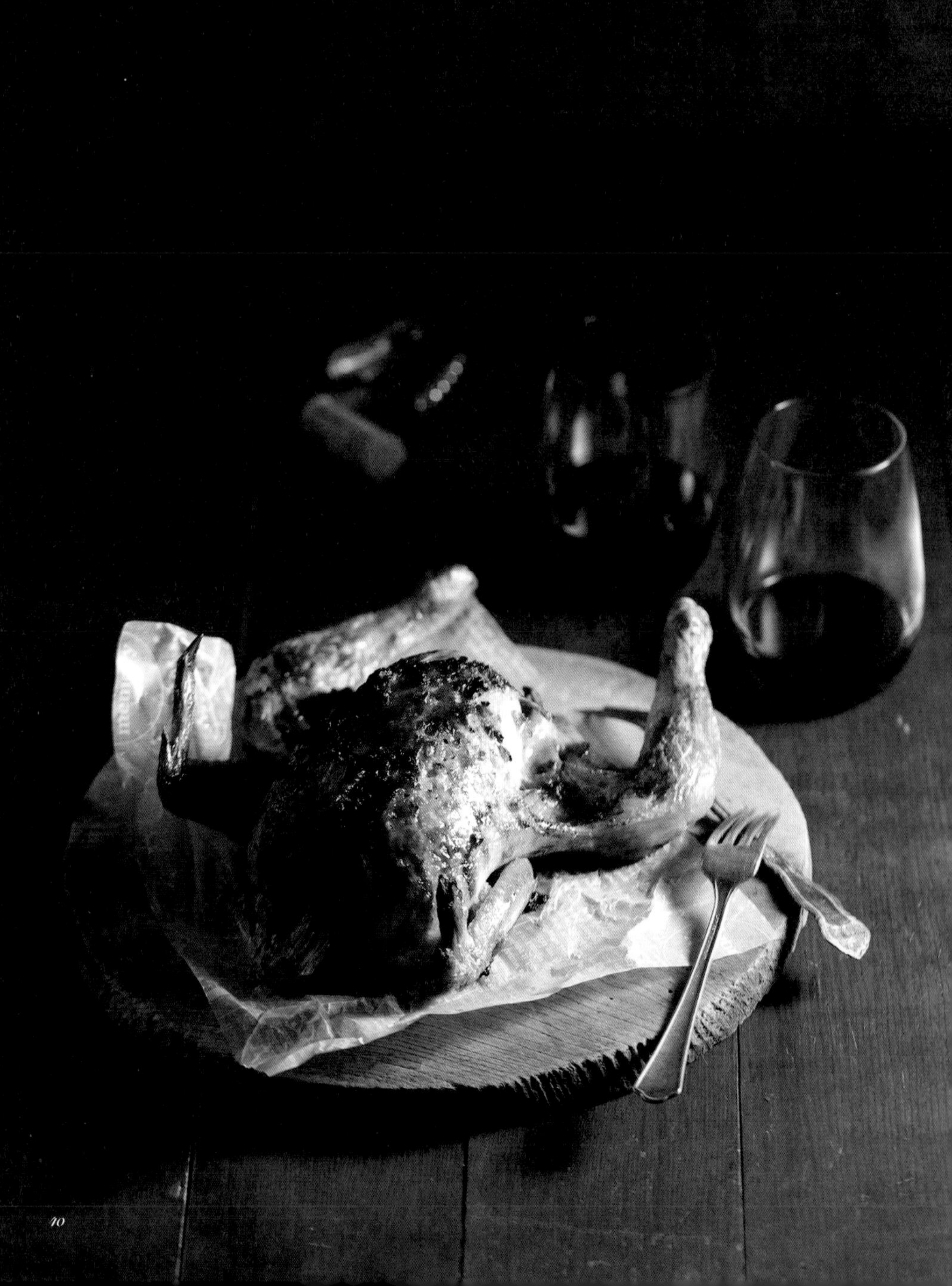

10 TO 10

허니버터치킨 with 보글 올드바인 진판델

구이 20분

친구들이 갑자기 찾아오거나 몸의 기력이 없을 때 만드는 음식입니다. 요즘도 마트에 가면 항상 닭을 한 마리씩 사오지요. 닭에 간단한 소스만 발라 오븐에 구우면 맛있는 요리로 변신해요. 자칫 퍽퍽할 수 있는 닭요리에 자두와 바닐라향이 나는 보글 올드바인 진판델을 페어링해 환상적인 맛과 향을 더합니다.

INGREDIENT

생닭 1마리(12호/영계)

- **버터소스** 실온 버터 3큰술, 다진 마늘 2큰술, 꿀 1큰술, 후춧가루 1/3큰술

1 분량의 재료를 모두 섞어 버터소스를 만든다.
2 생닭에 칼을 뉘어 비스듬히 칼집을 곳곳에 내준다.
3 250℃로 예열한 오븐에 칼집 넣은 생닭을 넣고 9분간 굽는다.
4 1차로 구운 닭에 버터소스의 1/2 분량을 꼼꼼히 바르고 다시 오븐에 넣어 3분간 구워 꺼낸다.
5 닭을 위아래 뒤집어 남은 버터소스를 바른 후 다시 오븐에서 3분간 구워 완성한다.

PAIRING

보글 올드바인 진판델

미국의 대표적인 품종인 진판델로 만든 와인이다. 부드러운 맛과 입안을 조이는 탄닌의 균형이 웃음이 나올 정도로 완벽하다. 60년 이상의 포도나무에서 수확한 포도로 만들어 잘 익은 자두와 후추, 오크, 바닐라의 향이 가득하다.

COOKING TIP

단맛을 싫어한다면 버터소스에서 꿀을 빼거나 고추를 다져 추가하세요. 좀 더 시간을 갖고 오븐에 구우면 더욱 바삭한 치킨요리를 즐길 수 있어요.

번데기그라탕 그라탕 10분

번데기 하면 단순히 데워 먹는 식품으로 알고 계시죠? 이제부터 맛있는 변신이 시작됩니다. 스위트한 옥수수콘에 담백한 번데기, 그리고 치즈를 듬뿍 넣어 고소함까지 살렸습니다. 풀바디한 레드와인과 찰떡궁합입니다.

INGREDIENT

번데기 통조림·옥수수콘 통조림 8큰술씩, 피망 1/4개, 양파 1/8개, 피자치즈 3큰술, 마요네즈·올리브유 2큰술씩, 버터 1큰술, 설탕 1/2큰술

1. 피망과 양파는 모두 곱게 다진다.
2. 볼에 번데기와 옥수수콘, 다진 피망과 양파, 마요네즈, 설탕을 넣고 골고루 섞는다.
3. 팬에 올리브유, 버터를 올리고 ②를 넣고 2분간 약불로 굽는다.
4. 불을 최대한 줄이고 피자치즈를 올려 1분간 녹여 마무리한다.

COOKING TIP

번데기를 고소하게 즐기는 퓨전요리입니다. 재료에서 번데기를 빼면 콘치즈버터 요리가 되어요.

with **레드와인**

마장면 면요리 15분

대만의 요리인 마장면은 깨로 만든 비빔소스와 먹는 면요리입니다. 저는 간편하게 땅콩버터를 이용해 소스를 만들었지요. 오이까지 더해 현지에서 먹던 맛보다 더 고소하고 상큼합니다. 레드와인과 즐겨보세요.

INGREDIENT

불린 쌀국수 200g, 오이 1/2개

땅콩버터소스 땅콩버터 5큰술, 땅콩 분태·마요네즈·식초·맛술 2큰술씩, 설탕·간장·깨소금·참기름 1큰술씩

COOKING TIP

소스에 레몬즙이나 핫소스를 추가하면 그 맛이 색달라져요. 이국적인 느낌의 면요리로 새롭게 탄생됩니다.

1. 오이는 껍질째 먹기 좋게 얇게 채썬다.
2. 찬물에 1시간 정도 불린 쌀국수를 뜨거운 물에 30초가량 살짝 데친다.
3. 분량의 재료를 모두 섞어 땅콩버터소스를 만든다.
4. 접시에 쌀국수를 담고 ③의 소스를 올린 후 채썬 오이를 곁들인다.

with **레드와인**

10분 탕수육 튀김 10분

누구나 호불호가 없는 탕수육도 레드와인과 단짝입니다. 하지만 배달해 먹기에는 너무 기다리기 힘들지요. 늦은 밤 뚝딱 만들어내는 저만의 비법을 소개합니다. 10분 탕수육, 이제 시작합니다.

INGREDIENT

돼지고기 300g, 녹말가루 3큰술, 물 5큰술,
소금·후춧가루 1/4큰술씩, 식용유 2컵
소스 프루트칵테일 1/2캔, 케첩·녹말물 1큰술씩

1. 돼지고기는 먹기 좋은 크기로 썰어 소금과 후춧가루로 간한다.
2. 볼에 녹말가루와 물을 개어 ①에 바른다.
3. 식용유 2컵을 180℃로 달구어 ②를 2번 나누어 튀긴다.
4. 냄비에 프루트칵테일을 국물과 함께 넣고 케첩을 더해 끓인다.
5. 소스가 끓기 시작하면 녹말물 1큰술을 넣어 농도를 맞춘다.
6. 접시에 튀긴 고기를 담고 소스를 붓는다.

COOKING TIP

녹말가루를 물에 풀어 30분 정도 지나면 물과 녹말이 분리됩니다. 물을 따라버리고 물을 머금은 녹말에 고기를 묻혀 튀기면 중국집에서 먹는 바삭한 튀김을 만들 수 있어요.

with **레드와인**

삼겹살아마트리치아나 면요리 15분

아마트리치아나는 이탈리안 고추와 판체타라는 고기를 넣어 만드는 매콤한 토마토소스 파스타의 한 종류입니다. 매운맛을 좋아하는 한국인에 입맛에 잘 맞지요. 라면사리로 만들어 더 맛있습니다.

INGREDIENT

라면사리 1개, 삼겹살 100g, 새송이버섯 1개, 양파 1/4개, 청양고추 1/2개, 마늘 5쪽, 바질잎 1장, 토마토소스 5큰술, 화이트와인·올리브유 3큰술씩

1 삼겹살과 새송이버섯은 한입크기로 썰고 양파는 곱게 다진다. 청양고추는 송송 썬다.
2 팬에 올리브유를 두르고 마늘을 으깨 넣어 향을 낸다.
3 ②에 삼겹살과 새송이버섯, 양파, 청양고추를 볶다가 화이트와인을 넣어 향을 더한다.
4 라면사리는 끓는 물에 1분간 꼬들하게 삶는다. 이때 면 삶은 물 1/2컵을 따로 덜어둔다.
5 ③에 면 삶은 물 1/2컵을 붓고 삶은 면과 토마토소스, 바질잎을 넣어 중불에서 섞어 완성한다.

COOKING TIP

쓰고 남은 바질잎은 냉장고에 두면 금방 말라 버리기 쉽습니다. 올리브유에 담가 보관하거나 식품건조기를 이용해 말리면 오랫동안 보관이 가능해요.

with **레드와인**

홍콩식 토마토라면 면요리 10분

홍콩 여행 중 늦은 시간 노점상에서 맛본 토마토라면이 떠올라 직접 만들었습니다. 토마토의 시원함과 레몬의 상큼함이 면과 어우러져 피로에 젖은 눈을 번쩍 뜨이게 만들지요. 샤도네이, 피노누아 품종의 스파클링와인과 특히 잘 맞습니다.

INGREDIENT

라면사리 1개, 라면수프 1/2봉지, 새우 5마리, 양파 1/4개, 레몬즙 1/2개분, 토마토홀 통조림 2큰술, 다진 마늘 1큰술, 물 2와1/2컵

1 토마토홀은 칼로 다지거나 수저로 으깬다.
2 양파는 얇게 썬다.
3 냄비에 물을 부어 끓어오르면 라면수프와 라면사리, 새우, 으깬 토마토홀, 양파, 다진 마늘을 넣고 3분간 끓인다.
4 라면이 알맞게 익으면 레몬즙을 넣어 완성한다.

COOKING TIP

토마토홀은 토마토를 데쳐 껍질을 벗긴 후 토마토주스에 담아 통조림에 패킹한 제품입니다. 같은 토마토로 대체 가능해요.

with **스파클링와인**

중화풍 떡볶이 볶음 15분

떡볶이는 야식으로, 와인 안주로 즐기기 좋은 메뉴입니다. 고추장 베이스의 떡볶이가 지겨울 때는 달큰한 굴소스와 신선한 채소, 두툼한 소고기로 맛을 낸 중화풍 떡볶이를 만듭니다. 떡 대신 라면으로 만들어도 맛있어요.

INGREDIENT

떡 200g, 소고기 100g, 양파 1/2개, 대파 1줄기, 마늘 3쪽,
굴소스·쯔유·설탕 1큰술씩, 참기름 1/2큰술, 식용유 5큰술, 물 1컵

1. 소고기와 양파와 대파는 각각 먹기 좋게 썰어둔다.
2. 팬에 식용유를 두르고 즉석에서 마늘을 으깨 볶아 향을 낸다.
3. ②에 소고기와 양파, 대파, 굴소스, 쯔유를 넣고 볶는다.
4. 물을 부어 끓이다가 설탕과 참기름, 떡을 넣고 끓인다.
5. 떡이 익으면 불을 끄고 마무리한다.

COOKING TIP

쯔유는 간장에 가츠오부시를 우려 만든 조미간장입니다. 쯔유가 없다면 맛술:물:간장의 비율을 3:3:4로 섞어 사용하세요.

with **스파클링와인**

달걀오코노미야키 부침 10분

달걀을 풀어 만드는 오코노미야키는 누구나 쉽게 만들 수 있는 요리입니다. 가츠오부시 대신 쯔유만으로도 풍미를 낼 수 있지요. 와인과 찰떡 궁합인 치즈를 넣어 감칠맛을 더해줍니다.

INGREDIENT

달걀 4개, 베이컨 1줄, 양파 1/4개, 체다치즈 1장, 파마산치즈·쯔유·맛술 1큰술씩, 식용유 3큰술

1 볼에 달걀을 풀고 쯔유와 맛술을 넣고 섞는다.
2 베이컨은 1cm 폭으로 썰고, 양파는 얇게 썬다.
3 팬에 식용유를 두르고 약불에서 ①의 달걀물을 부친다.
4 달걀이 다 익기 전에 베이컨과 양파, 체다치즈, 파마산치즈를 넣고 약불로 3분간 두었다가 불에서 내린다.

COOKING TIP

완성한 달걀오코노미야키에 가츠오부시를 뿌려 먹어도 맛있어요. 쯔유와 마요네즈를 1:3 비율로 섞은 소스도 추천합니다.

with **스파클링와인**

살팀보카 구이 15분

살팀보카는 얇게 편 고기 위에 프로슈토를 씌워 노릇하게 구워낸 요리입니다. 바삭하게 구운 프로슈토에 버터와 로즈마리향이 더해져 한 번 맛보면 잊혀지지 않지요. 스파클링와인의 향과 잘 어울립니다.

INGREDIENT

채끝 또는 우둔살 150g, 프로슈토(말린 햄) 2장, 세이지잎 10장, 로즈마리 1줄기, 마늘 3쪽, 올리브유 2큰술, 밀가루·버터 1큰술씩, 이쑤시개 2개

COOKING TIP

세이지는 육류의 향을 잡고 기분 좋은 향을 내는 향신료입니다. 파스타, 삼겹살, 스테이크 등에 조금 넣으면 맛이 더 좋아져요.

1 소고기는 1cm 두께로 썰어 위생봉지로 감싼 후 스테이크용 망치로 두들겨 얇게 편다.
2 얇게 편 소고기 위에 세이지잎을 올리고 프로슈토로 덮어 이쑤시개로 고정시킨다.
3 ②에 밀가루를 묻혀 팬에 올리브유를 둘러 굽는다.
4 고기가 색이 나기 시작하면 불을 줄여 로즈마리와 마늘, 버터를 넣어 향을 더한 후 이쑤시개를 분리해 접시에 담아낸다.

with **스파클링와인**

떠먹는 컵피자 베이킹 10분

오븐 없이 만드는 피자입니다. 늦은 밤 와인 안주로 즐기기 최고지요. 전자레인지와 머그컵만 있으면 피자전문점 못지않은 피자를 뚝딱 만들 수 있습니다. 로제와인과 가볍게 즐기기 좋아요.

INGREDIENT

식빵 2장, 비엔나소시지 2개, 양파 1/4개, 토마토소스·피자치즈 2큰술씩

1. 비엔나소시지는 0.5cm 폭으로 썰고 양파는 얇게 썬다.
2. 식빵을 한입크기로 찢어준다.
3. 적당한 머그컵을 준비해 ②의 식빵 → 토마토소스 → 비엔나소시지 → 양파 → 피자치즈 순으로 넣는다.
4. ③을 전자레인지에 넣고 2분간 돌려 완성한다.

COOKING TIP

토마토소스는 케첩으로 대체 가능합니다. 취향에 맞게 재료를 바꿔서 만들어보세요.

with **로제와인**

비빔만두 무침 15분

만두는 왜 항상 간장을 찍어 먹는 걸까? 혼술 안주로 만두를 준비하다가 비빔만두를 만들어보았습니다. 간편식인 만두가 일품요리가 되는 순간이지요. 채소의 아삭함과 고추장의 매콤함이 만두 본연의 맛과 더해져 가벼운 로제와인과 기막히게 어우러집니다.

INGREDIENT

냉동 만두 10개, 오이 1/2개, 당근·양파 1/4개씩, 대파 1/2줄기, 깨소금 1/2큰술, 식용유 3큰술

- **양념** 고추장·고춧가루·설탕·다진 마늘·식초·참기름 1큰술씩

1. 냉동 만두는 해동시켜 팬에 식용유를 둘러 앞뒤로 굽는다.
2. 오이와 당근, 양파, 대파는 얇게 썬다.
3. 분량의 양념 재료를 모두 섞어 양념을 만든다.
4. 구운 만두와 준비한 채소, 양념을 섞어 접시에 담은 후 깨소금을 뿌려낸다.

COOKING TIP

양념 재료에서 고추장을 빼고 칠리소스와 고수, 레몬즙을 넣으면 동남아풍의 만두요리가 완성됩니다.

3분 에그브런치 볶음 3분

늦은 밤 혼술 안주뿐만 아니라 바쁜 아침에도 즐겨 먹는 요리입니다. 발사믹식초로 새콤달콤하게 만든 양파볶음과 치즈를 녹인 달걀프라이가 간단하면서도 계속 생각나는 맛이지요. 숙성 없이 즐기는 로제와인과 잘 어울립니다.

INGREDIENT

달걀 2개, 양파 1/4개, 체다치즈 2장, 발사믹식초·올리브유 3큰술씩, 엑스트라버진 올리브유 2큰술

1. 양파는 얇게 썰어 올리브유 2큰술을 두른 팬에서 볶는다.
2. 양파 절반이 갈색빛이 돌면 발사믹식초를 넣어 향을 더한다.
3. 남은 올리브유 1큰술을 팬에 둘러 달걀프라이를 한다.
4. 접시에 달걀프라이를 담고 그 위에 체다치즈를 올린 후 ②의 양파볶음을 곁들인다.
5. 엑스트라버진 올리브유를 뿌려 완성한다.

COOKING TIP

양파를 볶아 발사믹식초에 끓여내면 여러 요리에 사용할 수 있습니다. 스테이크, 모짜렐라치즈, 오리고기, 햄버거 등에 활용해보세요.

with **로제와인**

우민찌된장찌개 찌개 15분

늦은 시간 집에 돌아오면 맛있게 끓여진 된장찌개가 그리울 때가 있지요. 그때를 위해 개발한 메뉴예요. 다진 소고기로 짧은 시간에 진한 국물맛을 내지요. 된장의 쿰쿰한 느낌을 로제와인이 산뜻하게 정리해줍니다.

INGREDIENT

우민찌(다진 소고기) 200g, 두부 1/2모, 애호박·양파 1/2개씩, 대파 1줄기

- **양념** 된장·연두·다진 마늘 1큰술씩, 고추장·고춧가루 1/2큰술씩, 물 3컵

1. 두부, 애호박, 양파는 큐브 모양으로 썰고 대파는 송송 썬다.
2. 냄비에 양념 재료를 모두 넣고 섞어 끓인다.
3. 한소끔 끓어오르면 썰어둔 두부와 채소, 우민찌를 넣고 중불에서 8분간 끓여 완성한다.

COOKING TIP

우민찌찌개 양념은 된장 베이스의 모든 찌개에 사용 가능해요. 물 대신 쌀뜨물을 넣으면 맛이 깊어집니다.

with **로제와인**

오감자프라이 구이 10분

친구들과 만들어 먹던 감자튀김을 응용한 요리입니다. 술안주용으로 감자튀김 대신 감자스낵으로 간단하게 만들었어요. 산뜻한 화이트와인과 즐깁니다.

오감자 1봉(50g), 베이컨 1줄, 적양파 1/4개, 피자치즈 1줌, 칠리소스 1큰술, 파슬리가루 약간

먹다 남은 감자튀김으로도 만들어보세요. 피자치즈가 없다면 체다치즈를 넣어도 잘 어울려요.

베이컨은 한입크기로 썰어 기름을 두르지 않은 팬에 살짝 볶는다.
적양파는 곱게 다진다.
오븐 용기에 오감자를 담고 살짝 볶은 베이컨과 다진 적양파를 군데군데 뿌린다.
③ 위에 피자치즈와 칠리소스를 뿌린다.
180℃로 예열한 오븐에서 5분간 굽고 파슬리가루를 뿌려낸다.

with **화이트와인**

아보카도스테이크 구이 15분

매장에 자주 오던 베지테리안 손님이 어느 날 스테이크가 먹고 싶다길래 만들어 드린 요리입니다. 담백한 아보카도를 살짝 구워 고소한 간장소스를 뿌려냈지요. 어떤 화이트와인과도 어울리는 요리입니다.

INGREDIENT

아보카도 1개, 루꼴라잎 8장, 올리브유 2큰술
- **간장소스** 간장·맛술·설탕·버터 1큰술씩, 물 1/3컵

1. 아보카도는 반 갈라 씨를 제거하고 껍질을 벗긴다.
2. 팬에 올리브유를 두르고 아보카도의 단면을 노릇하게 굽는다.
3. 다른 팬에 간장, 맛술, 설탕, 버터, 물을 넣고 5분간 중불로 끓여 간장소스를 만든다.
4. 접시에 구운 아보카도를 올리고 간장소스를 뿌린 후 루꼴라잎을 곁들여낸다.

COOKING TIP

아보카도는 검은색이 될 때까지 상온에 두었다 사용해요. 초록색은 덜 익은 상태라 풋내와 떫은맛이 나요.

with **화이트와인**

카치오페페스파게티 면요리 10분

이탈리아 요리는 알리올리오나 봉골레처럼 재료 자체가 요리명이 되기도 하지요. '페페'는 이탈리아어로 후추라는 뜻으로, 카치오페페는 후추와 치즈로 만드는 스파게티입니다. 화이트와인과 만나면 풍미가 더해져요.

INGREDIENT

스파게티면 100g, 양파 1/8개, 마늘 1쪽, 그라노파다노치즈 5큰술, 올리브유 3큰술, 후춧가루 1큰술, 소금 1/4큰술, 면 삶은 물 1컵

1. 스파게티면은 끓는 물에 6분간 삶는다. 면 삶은 물 1컵은 따로 덜어둔다.
2. 양파와 마늘은 곱게 다진다.
3. 팬에 올리브유를 두르고 다진 양파와 마늘을 볶는다.
4. ③에 면 삶은 물 1컵과 삶은 스파게티면, 후춧가루와 소금, 그라노파다노치즈를 넣고 볶아 완성한다.

COOKING TIP

스파게티면은 약간 덜 익은 상태로 삶으세요. 이후 소스에 2~3분 버무리면 면에 소스도 잘 묻어나요.

with 화이트와인

코코넛쉬림프커리 커리 15분

달콤한 코코넛밀크를 넣어 커리의 품격을 한층 높였습니다. 새우와 생크림을 넣어 고소함이 배가되었지요. 만든 다음 날이면 더 맛있어지는 마법 같은 요리로 코코넛밀크와 화이트와인의 향이 어우러져 최고의 페어링을 이룹니다.

INGREDIENT

밥 1공기, 알새우 10마리, 양파 1/2개, 대파 1/3줄기, 마늘 3쪽, 커리가루 4큰술, 코코넛밀크·올리브유 3큰술씩, 생크림 1컵, 물 3컵

1. 양파와 대파는 먹기 좋은 크기로 썰고 마늘은 편썬다.
2. 냄비에 올리브유를 두르고 양파와 대파, 마늘을 볶은 후 새우를 넣어 볶는다.
3. ②에 커리가루와 코코넛밀크, 생크림, 물을 넣고 중불에서 5분간 끓인다.
4. 접시에 밥을 담고 한쪽에 완성한 커리를 담는다.

COOKING TIP

코코넛밀크는 야자나무 열매인 코코넛의 껍질에 붙어 있는 과육의 진액입니다. 한식에 사용하면 색다른 요리를 만들 수 있어요..

with **화이트와인**

PART. 02

임철호 셰프의 맥주 시간

밤 11시, 모두가 떠난 조용한 매장에 콸콸콸 맥주 따르는 소리만 남습니다. 차갑게 준비한 잔에 넘칠 듯 채워지는 맥주 거품만으로도 전쟁 같던 하루는 먼발치로 사라집니다. 세상의 모든 행복은 이미 이 잔 속에 들어 있습니다. 지금은 임철호 셰프의 맥주 시간입니다.

그에게 맥주란...

"처음 출판제의를 받고 단 1초의 망설임도 없었습니다. 컨셉 자체가 나의 생활이니까요. 주당 셰프라니, 나를 표현함에 있어 이렇게 들어맞는 수식어가 또 있을까요? 맥주는 나에게 술이기 전에 항상 함께하는 그 무엇입니다.

맥주의 매력에 빠지기 시작한 건 10여 년 전부터로 기억됩니다. 그 전까지는 주당과는 거리가 먼, 술 한 잔에 얼굴이 새빨개져 술자리가 끝날 때까지 자리만 지키는 사람이었지요. 그러던 내가 자연스레 맥주를 찾게 되었습니다. 유학생활의 고단함 때문이었을까요? 전쟁 같던 하루 일과를 마친 후 찾아오는 평화, 맥주는 내게 그랬습니다.

맥주를 좋아하는 이유를 꼽는다면 무엇보다 2~5%의 낮은 알코올 도수입니다. 맥주는 90% 이상이 물로 만들어져 큰 무리가 없지요. 오죽하면 북유럽에서는 맥주로 해장을 하는 이들이 있다 할까요. 중세 수도원에서 탄생된 맥주는 여러모로 와인과 닮았습니다. 첫 한 모금이 중요한 와인처럼 맥주 역시 목넘김의 순간이 중요하지요. 어떤 맥주는 오픈하자마자 벌컥벌컥 들이켜야 맛나고 또 어떤 맥주는 천천히 시간을 즐기며 마셔야 더욱 맛있습니다. 맥주가 가장 맛있는 순간을 함께 즐기고 싶습니다."

맥주 페어링 키워드

물

맥아, 홉, 물, 열처리 방식과 여과 방법 등 맥주의 맛을 결정하는 요인은 많습니다. 그중 맥주의 맛을 책임지고 좋은 맥주를 만드는 핵심 재료는 맥아와 홉이 아닌 물에 달렸다고 생각합니다. 와인으로 따진다면 테루아(Terroir)에 해당하는 게 바로 맥주의 물이지요. 맥주 양조장이 물 맑기로 유명한 고장에 자리한 것도 다 그런 이유가 아닐까요.

잔

와인 품종에 맞추어 잔을 선택하듯 내겐 맥주도 예외가 아닙니다. 향이 좋은 맥주를 마실 때는 고블릿이나 튜립 모양의 잔에 따라 천천히 코로 음미하면서 마시지요. 잔의 두께에 따라 맥주의 온도 유지에도 영향을 미치니 맥주잔에 따라 맥주의 맛 또한 달라질 수 있습니다. 물론 취하면 양푼에 부어 마셔도 맛있는 게 맥주지만요.

온도

맥주는 시원한 맛에 먹는다? 내 경우 맥주의 음용 온도는 페어링하는 안주요리에 따라 달라집니다. 안주가 차가운 요리인지, 따듯한 요리인지에 따라 함께 마시는 술의 온도도 결정되지요. 보통 차가운 안주에는 맥주도 차게 즐기고, 실온의 요리는 맥주 역시 차갑지 않게 즐깁니다. 맥주만 마실 때는 라거맥주는 4~5℃, 에일맥주는 5~7℃가 적당해요.

거품

거품 하면 맥주지요. 맥주 거품은 맥주의 질을 가늠할 수 있는 중요한 요소로, 일반적인 탄산음료와 달리 지속성을 유지하는 것도 중요합니다. 특히 70% 이상이 질소로 이루어진 기네스 맥주의 거품은 가히 예술이죠. 맥주를 따르는 순간이 더없이 아름다운 광경에 넋을 빼앗기고는 합니다. 목넘김만으로도 춤추게 만드는 거품입니다.

GOOSE ISLAND BEER COMPANY
GOOSE
Budweiser
KING OF BEERS
Premium
Kloud
ORIGINAL
GRAVITY
GUINNESS EXTRA STOUT
EST. 1759
GUINNESS
ORIGINAL
XX
ST. JAMES'S GATE DUBLIN
WEISSE

맥주 셀렉트 가이드

라거맥주 Larger Beer
평소 우리가 줄기차게 마시는 맥주입니다. 향이나 맛이 깊지는 않지만 탄산이 풍부해 시원함을 느끼기 좋지요. 라거와 에일은 효모의 발효를 통해 만들어지는데, 라거는 맥아즙을 맥주로 발효시키면서 효모가 아래로 가라앉아 깔끔하고 부드럽습니다. 소주나 브랜디 같은 독주와 블렌딩해 마시기 좋습니다.

에일맥주 Ale Beer
에일맥주는 탄산은 부족하지만 풍부한 맛과 향을 지니고 있습니다. 라거와 달리 10~25℃의 높은 온도에서 발효가 이루어져 비교적 짧은 시간에 완성되지요. 발효 후 바나나향이나 풀향, 과일향 등 다양한 아로마가 맥주의 맛과 향을 풍성하게 만들어줍니다. 개인적으로는 속이 거북할 때 즐기는 맥주입니다.

흑맥주 Black Beer
맥아를 검게 로스팅해서 만드는 맥주로 다른 맥주에 비해 사용한 홉의 양이 많습니다. 대표적으로 아일랜드의 기네스, 스타우트, 영국의 포터, 체코의 코젤 다크 등이 있습니다. 색으로 느낄 수 있듯 맛 역시 깊지요. 목으로 마시기보다는 몸으로 마시는 느낌이 드는 맥주입니다.

아이피에이맥주 IPA Beer
보다 진한 맛과 향의 맥주입니다. 에일맥주의 한 종류이며, 홉을 많이 넣어 맛의 강도가 높습니다. 오렌지 색깔이나 브론즈 에일처럼 노란색을 띄어 이전의 맥주에 비해 색이 밝다는 의미로 페일에일(Pale ale)로도 불렸습니다. 와인을 음미하듯 맥주를 즐기고픈 분들께 추천합니다.

맥주+ 안주 페어링

라거맥주 + Everything
흔히 라거에는 치킨 같은 튀김요리를 매칭하지만, 어떤 요리와도 잘 어울리는 맥주가 라거입니다. 톡 쏘는 탄산이 입안을 개운하게 만들어 목넘김도 시원합니다.

에일맥주 + 볶음요리 or 찜요리
바디감이 느껴지는 에일맥주에는 정반대의 가벼운 느낌의 안주를 페어링합니다. 기본적인 볶음요리나 찜요리가 어울립니다.

흑맥주 + 갑각류요리
흑맥주는 갑각류와 특히 어울리는 맥주입니다. 샴페인에 굴을 매칭하듯 흑맥주와 굴을 함께 맛보면 환상적이지요. 무거운 요리보다는 가볍고 프레시한 요리가 안주로 내기 좋습니다.

아이피에이맥주 + 해산물 or 육류요리
일반 에일맥주에 비해 맛과 향이 강한 아이피에이맥주는 해산물요리나 육류요리와 잘 어울립니다. 특히 해물찜과 국민아이피에이맥주는 최고의 궁합을 자랑합니다.

HANALEI
Island IPA
KONA
BREWING Co

10 TO 1

라이스볼튀김 with 버드와이저

튀김 15분

'아란치니'라고 불리는 이탈리아의 튀김요리입니다. 채소와 치즈로 간한 밥을 동그랗게 만들어 튀기지요. 남은 찬밥이 있다면 오늘밤 술안주로 픽하세요. 찬밥에 이것저것 넣고 전자레인지에 3분만 돌려 기름에 튀기면 끝입니다. 바삭한 라이스볼에 버드와이저 한 캔만 있다면 치맥도 부럽지 않아요.

INGREDIENT

밥 1공기, 양파 1/4개, 베이비채소 약간, 토마토소스·피자치즈 3큰술씩, 칠리소스 2큰술, 파마산치즈 1큰술, 소금·후춧가루 약간씩

- **튀김** 달걀물 1개분, 빵가루 1/2컵, 튀김용 식용유 적당량

1. 양파 1/4개를 잘게 다진다.
2. 볼에 밥과 다진 양파, 토마토소스, 파마산치즈, 소금, 후춧가루를 넣고 섞는다.
3. ②를 지름 2cm 원형으로 만들어 속에 피자치즈를 넣고 둥글려 달걀물 → 빵가루 순으로 묻힌다.
4. 팬에 튀김용 식용유를 붓고 ③을 넣어 노릇하게 튀긴다.
5. 접시에 칠리소스를 깔고 그 위에 튀긴 라이스볼을 올린 후 베이비채소를 올린다.

PAIRING

버드와이저

미국을 대표하는 세계적인 라거맥주. 도수 5%로 일반 맥주에 비해 약간 강한 편이다. 국내용은 OB맥주를 통해 생산되고 있다. 목넘김부터 남달라 소맥으로 추천할 만한 맥주다.

COOKING TIP

라이스볼은 160℃ 이상의 기름에 튀겨야 바삭해요. 달군 기름에 빵가루를 조금 넣었을 때 빵가루가 떠오르면 튀기기 적당한 온도입니다.

10 TO 2

시저치킨샐러드 with 애플폭스

샐러드 10분

유학시절 만났던 멕시코 친구에게 배운 샐러드예요. 애초 시저드레싱은 멕시코에서 만들어졌다는데 간단한 재료에 맛도 좋지요. 가벼운 샐러드에 애플폭스를 매칭했습니다. 사과향에 어우러진 탄산이 마치 스파클링와인을 맛보는 느낌이지요. 시원하면서 달달해요.

INGREDIENT

닭가슴살 통조림 1캔(200g), 통로메인 1개, 베이컨 2줄, 식빵 1장, 그라노파다노치즈 2큰술

- **시저드레싱** 마요네즈 3큰술, 허니머스터드 1큰술, 까나리액젓·다진 마늘·다진 잣 1작은술씩

1. 분량의 재료를 모두 섞어 시저드레싱을 만든다.
2. 통로메인은 찬물에 담갔다가 물기를 턴다.
3. 베이컨은 한입크기로 썰어 기름 없이 노릇하게 구워 덜어낸다.
4. 식빵은 사방 1cm로 잘라 ③의 팬에서 구워 크루통을 만든다. 베이컨 기름으로 구워야 고소하다.
5. 통로메인을 반 잘라 볼에 넣고 준비한 시저드레싱과 버무린다.
6. 접시에 담고 구운 베이컨과 그라노파다노치즈, ④의 크루통, 닭가슴살을 올려 완성한다.

PAIRING

애플폭스

술자리는 즐기지만 술이 약한 분들께 추천한다. 싱가포르의 맥주로 프레시한 사과향과 탄산의 매칭이 돋보인다. 도수는 4.5%로 그리 낮지 않으며 화이트와인처럼 시원하게 즐기기를 권한다.

COOKING TIP

까나리액젓으로도 시저드레싱을 만들 수 있습니다. 까나리액젓은 엔초비 분량의 1/3만 넣어요. 로메인도 다른 채소로 대체 가능해요.

5

10 TO 3

비프타코 with 엘 다크

베이킹 15분

타코는 커리향의 엘 다크와 최고의 궁합을 이룹니다. 오늘은 매운 양념의 소고기 통조림을 활용해 간단하게 멕시코식 타코를 만들었습니다. 매콤하면서도 상쾌한 살사향의 타코를 한 입 베어물고 엘 다크 한 모금을 넘기면 마음까지 노을이 물드는 것 같습니다.

INGREDIENT

토르티아 8인치 1장, 소고기 장조림 통조림 1캔(130g), 양상추 3장, 양파 1/4개, 청양고추 1개, 피자치즈 4큰술

- **토마토청양살사소스** 완숙 토마토·청양고추 1개씩, 양파 1/4개, 레몬즙 1/4개분, 고수 1줄기, 파슬리가루 조금, 설탕 1작은술, 소금·후춧가루 약간씩

1 토마토청양살사소스를 만든다. 완숙 토마토와 양파는 사방 0.3cm 크기로 썰고 청양고추와 고수는 곱게 다져 남은 재료와 섞는다.
2 양상추와 양파는 길게 슬라이스하고 청양고추는 송송 썬다.
3 볼에 소고기 장조림과 양상추, 양파, 청양고추, 피자치즈를 넣고 고루 섞는다.
4 토르티아 위에 ③을 넉넉히 올리고 200℃로 예열한 오븐에서 3분간 굽는다.
5 오븐에서 꺼내어 ①의 토마토청양살사소스를 곁들여낸다.

PAIRING

엘 다크

독일을 대표하는 라거 계열의 흑맥주로, 쌉싸름하면서 은은하게 풍기는 커리향이 특징이다. 너무 차지 않게 마셔야 그 맛을 온전히 느낄 수 있다. 도수는 4.9%.

COOKING TIP

살사소스의 기본은 토마토에 있습니다. 잘 익은 완숙 토마토를 넣어야 매운 살사와 궁합이 좋지요. 너무 무르지 않은 것으로 준비하세요.

GUINNESS EXTRA STOUT
GUINNESS
ORIGINAL
XX
ST. JAMES'S GATE DUBLIN

10 TO 4

태국식 닭튀김 with 기네스

튀김 20분

기네스의 고향 아일랜드에서는 굴과 기네스를 함께 즐기는 축제가 가을마다 열리지요. 맥주와 치킨, 기네스와 해산물 두 가지의 완벽한 조합을 활용한 페어링입니다. 닭고기를 피시소스로 마리네이드해 해물맛을 냈지요. 진한 색의 거품과 태국식 치킨을 함께 즐겨요.

INGREDIENT

순살 닭정육 200g, 숙주 100g, 고수 2줄기, 레몬 1/4개, 튀김가루 5큰술, 피시소스 1큰술, 올리브유 약간, 식용유 2컵

- **닭정육 마리네이드** 진간장 2큰술, 피시소스·미림·설탕 1큰술씩, 생강가루 1작은술, 레몬제스트 1/2개분

1 닭정육은 기름기 부분을 제거하고 8등분해 씻어 물기를 제거한다.
2 숙주와 고수는 찬물에 흔들어 씻은 후 체에 밭쳐 물기를 빼고 레몬은 적당한 크기로 자른다.
3 볼에 마리네이드 재료를 섞고 ①의 닭정육을 10분간 재운다.
4 마리네이드한 닭정육을 물 없이 튀김가루에 잘 버무린다.
5 튀김팬에 식용유를 붓고 180℃까지 달구어 ④를 튀겨낸다.
6 팬에 올리브유 약간을 두르고 숙주를 센불에서 30초간 볶으면서 피시소스 1큰술을 넣고 마무리한다.
7 접시에 볶은 숙주를 담고 닭튀김을 올린 후 고수와 레몬으로 장식한다.

PAIRING

기네스

1759년부터 만들어지기 시작한 아일랜드의 대표 맥주다. 도수 4.2%의 흑맥주로 루비색에 크림 같은 거품의 조화가 일품이다. 업계 최초로 수학자를 고용해 만들어냈다는 부드러운 거품이 압권이다.

COOKING TIP

닭정육은 반드시 10분 이상 마리네이드를 해주세요. 그래야 닭고기의 비린내를 잡을 수 있습니다. 기름에 직접 튀기지 않고 250℃로 예열한 오븐에서 20분간 구워도 좋아요.

10 TO 5

나시고랭 with 빈탕

볶음 15분

나시고랭은 새우와 숙주, 채소를 넣어 만드는 인도네시아 볶음밥입니다. 평소 밥을 즐기지 않다가도 종종 탄수화물이 그리울 때 찾게 되는 메뉴죠. 센불에서 재료를 볶고 고수와 피시소스로 마무리하면 시원한 맥주 한 잔과 잘 어울려요. 인도네시아 맥주인 빈탕과 즐깁니다.

INGREDIENT

밥 1공기, 새우 6마리, 숙주 200g, 양파 1/4개, 청피망·홍고추 1/4개씩, 마늘 2쪽, 달걀 1개, 굴소스 1작은술, 피시소스 1/2작은술, 식용유 2큰술, 소금·후춧가루 약간씩, 장식용 고수 1줄기

1 새우는 꼬리를 제거하고 씻어 물기를 제거한다.
2 숙주와 고수는 찬물에 흔들어 씻은 후 물기를 제거한다.
3 양파와 청피망, 홍고추, 마늘은 슬라이스한다.
4 팬에 식용유를 두르고 달걀을 스크램블하듯 저으며 ③의 채소를 넣어 볶는다.
5 밥을 넣고 잘 풀어지면 숙주와 새우를 넣어 볶는다.
6 굴소스와 피시소스, 소금, 후춧가루로 간해 접시에 담고 장식용 고수를 올린다.

PAIRING

빈탕

'별'이라는 의미를 담은 인도네시아 국민맥주다. 1929년 탄생해 현재는 하이네켄사에 소속되어 있다. 페일라거 계열이라 홉의 양이 적은 대신 옥수수나 쌀 등을 넣어 풍부한 향을 낸다. 국내에서도 손쉽게 구입 가능하다.

COOKING TIP

나시고랭의 간은 밥까지 모두 볶은 후 마지막 단계에서 굴소스와 피시소스로 합니다. 볶음요리 중간에 소스를 넣으면 자칫 재료가 타거나 고루 간이 배지 않을 수 있어요.

Leffe

10 TO 6

버섯구이샐러드 with 레페 브라운

샐러드 15분

버섯을 센불에서 볶다가 마지막으로 발사믹리덕션과 버터를 넣고 순간적으로 졸이는 웜 샐러드입니다. 발사믹식초와 어울리는 맥주를 찾다가 균형잡힌 바디감의 레페 브라운을 찾았지요. 흑갈색의 비슷한 컬러만큼이나 잘 어울립니다. 6℃의 낮은 온도로 즐겨주세요.

INGREDIENT

양송이버섯 5개, 표고버섯 3개, 새송이버섯 2개,
양파 1/4개, 타임 3줄기, 올리브유 2큰술,
버터·화이트 발사믹리덕션·그라노파다노치즈 1큰술씩

1 버섯류는 깨끗한 행주로 표면을 잘 닦는다.
2 표고버섯은 이등분하고 새송이버섯은 길게 4등분한다. 양송이버섯은 그대로 사용한다.
3 양파는 곱게 다진다.
4 달군 팬에 올리브유를 넣고 준비한 버섯을 앞뒤 노릇하게 볶는다.
5 다진 양파를 넣고 볶다가 버터와 화이트 발사믹리덕션을 넣고 센불에서 녹인다.
6 접시에 ⑤를 담고 그라노파다노치즈를 뿌리고 타임을 장식한다.

PAIRING

레페 브라운

1200년대 벨기에의 수도원에서 만들어진 맥주다. 구운 맥아에 설탕, 옥수수를 추가해 단맛이 강한 편. 5~6℃로 즐길 때 가장 맛있다.

COOKING TIP

버섯은 센불에서 익혀야 수분을 잡아 물이 생기지 않아요. 양파와 버터는 마지막 단계에 넣어 버섯향과 고소함을 살립니다.

EXTRA
COLD
hite
EXTRA
COLD

10 TO 7

통오징어순대 with 하이트 엑스트라 콜드

찜 20분

이탈리아식 오징어순대인 칼라마리 리피에니입니다. 맥주 안주로 최고지요. 통오징어에 채소와 두부, 리코타치즈로 속을 채워 구워내는데 오늘은 전자레인지로 간단하게 만들었습니다. 미온의 하이트 맥주와 함께 즐기는 게 포인트입니다.

INGREDIENT

오징어 1마리, 시금치 1/3단, 두부 1/4모, 양파 1/4개, 피자치즈 2큰술, 파마산치즈·발사믹리덕션 1큰술씩, 파슬리가루 1/4작은술 소금·후춧가루 약간씩

1 오징어는 내장을 제거하고 깨끗이 손질한다.
2 시금치는 끓는 소금물에 살짝 데쳐 찬물에 담가 물기를 완전히 제거한다.
3 두부는 칼등으로 곱게 으깨고, 데친 시금치와 양파도 곱게 다진다.
4 ③과 피자치즈, 파마산치즈, 소금과 후춧가루를 고루 섞는다.
5 손질한 오징어 속에 ④를 넣고 이쑤시개로 내용물이 나오지 않도록 고정시킨 후 전자레인지 용기에 담고 7분간 익힌다.
6 오징어순대가 완성되면 6등분해 접시에 담고 발사믹리덕션을 뿌리고 파슬리가루를 뿌려 완성한다.

PAIRING

하이트 엑스트라 콜드

하면발효의 페일라거 맛을 극대화한 라인이다. 1993년 탄생한 하이트 맥주의 최신 라인업으로 한국인 입맛에 가장 맞다는 평을 받고 있다. 영하의 온도에서 공정을 끝내 맥주 맛이 더 깔끔하다.

COOKING TIP

오징어순대 속은 냉장고에 있는 재료로 변형 가능합니다. 이때 속재료를 너무 많이 넣으면 오징어가 익으면서 내용물이 빠져나올 수 있으므로 80% 정도만 채우세요.

10 TO 8

어묵꼬치 with 필스너 우르켈

탕 15분

하루 종일 음식 냄새와 씨름하다보면 매콤한 국물이 생각날 때가 있지요. 그럴 때 특별한 어묵탕과 맥주 한 잔을 준비해봅니다. 독일 필스너보다는 진한 거품과 바디감이 느껴지는 체코 필스너로 이 밤을 달래봅니다.

INGREDIENT

어묵 1팩(260g), 청피망 1/4개, 양파 1/8개, 청양고추 1개, 마늘 2쪽, 바질잎 3장, 토마토소스 10큰술, 올리브유 2큰술, 굴소스 1작은술, 파슬리가루 조금, 소금·후춧가루 약간씩, 물 1과1/2컵

1. 어묵은 꼬치에 물결 모양으로 꽂는다.
2. 청피망과 양파, 청양고추, 마늘은 잘게 다진다.
3. 팬에 올리브유를 두르고 다진 청피망과 양파, 마늘을 넣어 볶는다.
4. ③에 토마토소스, 물, 어묵꼬치를 넣어 끓기 시작하면 굴소스와 소금, 후춧가루로 간한다.
5. 바질잎은 손으로 3등분 정도 잘라 넣고, 다진 청양고추와 파슬리가루를 뿌려 완성한다.

PAIRING

필스너 우르켈

맑은 황금색에 순백색의 거품을 자랑하는 체코 맥주다. 체코산 홉의 씁쓸한 맛과 보리 몰트의 스파이시한 향이 특징. 옥수수를 넣어 드라이한 맛은 다소 덜하다.

COOKING TIP

간식으로 즐기는 어묵꼬치에
토마토소스로 색다른 매칭을 해보세요.
청양고추의 양을 늘려 매운맛을
높여주면 소주 안주로도 제격이지요.

STELLA
ARTOIS

10 TO 9

토르텔리니 with 스텔라 아르투아

만둣국 20분

만두피를 이용해 새우와 리코타치즈로 속을 채운 이태리식 만둣국도 즐기는 안주입니다. 말이 이태리식이지 모양만 조금 다를 뿐 거의 만둣국이죠. 국물이 곁들여지는 요리로 스텔라 홉의 향과 잘 어울립니다. 스텔라는 너무 차갑지 않게 즐겨야 더 맛있어요.

INGREDIENT

만두피 5장, 사골육수 2컵(350ml), 그라노파다노치즈 1작은술

- **만두소** 새우 5마리, 마늘 2쪽, 리코타치즈 5큰술, 파슬리가루 조금, 소금·후춧가루 약간씩

1 새우와 마늘을 잘게 다져 분량의 재료와 섞어 만두소를 만든다.
2 만두피에 ①의 만두소를 넣고 왼손 검지손가락에 끼워 반으로 접는다.
3 냄비에 사골육수를 부어 끓어오르면 ②를 넣고 끓인다.
4 만두가 떠오르면 2분 더 끓여서 마무리한다.
5 그릇에 담고 그라노파다노치즈를 뿌려 완성한다.

PAIRING

스텔라 아르투아

벨기에 필스너 맥주를 대표하는 라인으로 일반적인 필스너에 옥수수를 가미해 변화를 꾀했다. 하면발효로 만들어져 사츠 홉의 쌉쌀함과 산미를 그대로 느낄 수 있다. 목넘김도 가볍다.

COOKING TIP

재료의 맛을 더 음미하고 싶다면 만두피를 직접 반죽해 사용하세요. 피가 얇을수록 부드러운 식감을 즐길 수 있어요.

10 TO 10

매운 닭고기그라탕 with 코젤 프리미엄 라거

그라탕 15분

몸이 유난히 힘든 퇴근길, 맥주 생각은 나는데 뭔가를 만들 엄두가 나지 않을 때가 있지요. 그런 날에는 집 앞 편의점에서 재료를 구입합니다. 완제품 치킨과 양송이컵수프 그리고 코젤 프리미엄 라거를 집어드니 마음도 몸도 가볍습니다.

INGREDIENT

완제품 스파이시 치킨 1팩(180~200g), 양송이컵수프 1개(180ml), 피자치즈 3큰술

1 그라탕 그릇에 치킨을 넣는다.
2 치킨 위에 양송이컵수프를 모두 붓는다.
3 ②에 피자치즈를 가득 뿌려낸다.
4 전자레인지에 넣어 3분간 돌려 완성한다.

PAIRING

코젤 프리미엄 라거

코젤 하면 흑맥주부터 떠오르지만, 체코의 라거 1위 역시 코젤이 꼽힌다. 4.6%의 도수로 목넘김이 부드러우며, 여러 안주와 무리 없이 어울린다..

COOKING TIP

편의점 완제품 치킨에 완제품 양송이수프를 소스로 사용하는 메뉴입니다. 부드러운 소스를 더욱 맛있게 즐기려면 매콤한 치킨과 매칭하길 권합니다.

가지오징어볶음 볶음 20분

즐겨 찾던 백반집의 오징어볶음 맛에 가지를 더했습니다. 센불에 가지와 오징어를 휘리릭 볶아내면 끝~ 조리과정도 간단합니다. 부드러운 거품과 강한 맛의 IPA맥주 안주로 권해요.

INGREDIENT

가지 1개, 오징어 1/2마리, 꽈리고추 5개, 방울토마토 3개, 올리브유 3큰술, 호두 분태·다진 마늘·굴소스 1큰술씩, 소금·후춧가루 약간씩

COOKING TIP

토마토는 처음부터 넣고 볶아야 항암작용의 리코펜 성분 섭취가 가능해요. 올리브유에 충분히 볶으세요.

1 오징어는 내장을 제거하고 깨끗이 씻어 물기를 제거한다.
2 가지는 길게 4등분하고 꽈리고추와 방울토마토는 헹궈 물기를 제거한다.
3 팬에 올리브유를 두르고 다진 마늘과 방울토마토를 볶는다.
4 ③에 오징어, 가지, 꽈리고추, 호두 분태를 넣어 센불로 볶는다.
5 굴소스와 소금, 후춧가루로 간해 마무리한다.

곱창참나물무침 무침 15분

강한 맛과 향의 IPA 맥주에 곱창은 페어링하기 좋은 식재료입니다. 참나물을 샐러드처럼 무쳐 구운 곱창과 곁들여 곱의 비릿함도 잡아주지요. 쌉싸름한 맥주 한 모금을 더하면 입안이 개운해져요.

INGREDIENT

곱창 1팩(280g), 참나물 200g

- **새우젓 양념장** 다진 청양고추 1개분, 들기름 2큰술, 새우젓·다진 양파·다진 대파·깨소금·설탕 1큰술씩

1 달군 팬에 곱창을 올려 노릇하게 굽는다.
2 참나물은 찬물에 담갔다가 물기를 제거한다.
3 분량의 재료를 섞어 새우젓 양념장을 만든다.
4 볼에 구운 곱창과 참나물, 새우젓 양념장을 섞어 완성한다.

COOKING TIP

돼지 막창을 활용해도 좋습니다. 참나물이 없다면 부추를 겉절이 하듯 무쳐내도 곱창과 잘 어울려요.

with IPA맥주

먹물감바스 볶음 15분

와인바나 맥주집에서 흔히 즐길 수 있는 감바스에 몇 가지 재료를 더했습니다. 올리브유와 새우 외에 오징어먹물과 크림을 추가했지요. 묵직한 IPA맥주와 함께하기를 권합니다.

INGREDIENT

새우 6~7마리, 브로콜리 1/4송이, 청양고추 1개, 블랙 올리브·그린 올리브 4개씩, 마늘 5쪽, 생크림 3큰술, 그라노파다노치즈 1큰술, 오징어먹물 1작은술, 파슬리가루 조금, 올리브유 1/2컵, 모닝롤 3개

1 브로콜리는 송이를 하나씩 자르고, 청양고추는 어슷썬다.
2 팬에 올리브유를 붓고 마늘부터 노릇하게 익힌 후 새우와 브로콜리, 청양고추, 올리브를 넣어 볶는다.
3 생크림과 오징어먹물을 넣고 끓이다 무쇠나 그라탕 용기에 담는다.
4 ③ 위에 그라노파다노치즈와 파슬리가루를 뿌린다.
5 모닝롤을 오븐에서 2분 정도 데워 함께 곁들인다.

COOKING TIP

새우로 탕이나 국을 끓인 때는 머리 부분만 먼저 익히고 몸통을 나중에 넣으세요. 새우의 식감을 살리는 노하우예요.

with IPA맥주

통명란구이아스파라거스 구이 15분

통명란을 다진 마늘과 노릇하게 굽고 구운 아스파라거스와 함께 먹는 안주입니다. 명란의 짠맛은 우유에 담가서 비린맛과 함께 없애주세요. 쌉쌀하고 진한 맛과 향의 맥주와 잘 어울립니다.

INGREDIENT

명란 2개, 아스파라거스 4개, 빨강 파프리카·노랑 파프리카 1/2개씩, 베이비채소 약간, 바질잎 3장, 다진 마늘 3큰술, 올리브유·우유 2큰술씩, 후춧가루 조금

COOKING TIP

명란은 염장식품으로 짠맛이 강하지요. 함께 넣는 다른 재료의 소금 간도 되도록 줄여주세요.

1 명란은 우유에 10분 담가둔다.
2 아스파라거스는 껍질을 제거하고, 파프리카는 속을 파내고 사방 1cm 크기로 자른다.
3 팬에 올리브유를 두르고 우유에 담가둔 명란과 아스파라거스, 파프리카를 노릇하게 익힌다.
4 접시 위에 아스파라거스 → 파프리카 → 명란 순으로 담는다.
5 팬에 다진 마늘을 중불에서 볶아 명란 위에 올린다. 베이비채소와 바질잎으로 장식한다.

with IPA맥주

새우대패삼겹구이 구이 15분

대패삼겹살에 새우를 돌돌 말아 굽고 채소와 곁들여 먹는 메뉴예요. 지친 하루, 간단한 보양이 필요할 때 후다닥 만들어내요. 짭조름한 발사믹소스와 차가운 라거의 궁합이 잘 맞아요.

INGREDIENT

대패삼겹살 8장, 알새우 8마리, 아스파라거스 2개, 새송이버섯 1개, 마늘 5쪽, 베이비채소 약간, 빵가루·올리브유·발사믹리덕션 1큰술씩

1 대패삼겹살을 펼쳐 알새우를 올리고 말아준다.
2 아스파라거스는 껍질은 제거한 후 새송이버섯과 함께 2등분한다.
3 팬에 올리브유를 둘러 ①의 새우삼겹을 노릇하게 익힌 후 마늘 → 새송이버섯 → 아스파라거스 순으로 굽는다.
4 채소가 노릇해지면 덜어내고 새우삼겹에 빵가루를 넣어 센불에서 살짝 더 굽는다.
5 접시에 구운 채소를 담고 그 위에 구운 새우삼겹을 올린다.
6 베이비채소를 곁들이고 발사믹리덕션을 뿌려 완성한다.

COOKING TIP

새우삼겹 마지막 단계에서 빵가루를 넣고 센불로 구워주면 삼겹살의 느끼함은 사라지고 고소함이 남아요.

with 라거맥주

치킨스피에디니 구이 15분

마늘 양념으로 담백하게 즐기는 치킨꼬치입니다. 맥주와 꼬치는 찰떡궁합이지요. 발사믹식초를 졸여 만든 발사믹리덕션을 바르면서 구우면 또 다른 꼬치의 풍미를 느낄 수 있습니다.

INGREDIENT

닭정육 1마리(500g), 빨강 파프리카·노랑 파프리카 1/3개씩, 마늘 5쪽, 샐러드채소 적당량, 올리브유 3큰술, 발사믹리덕션 1큰술, 나무꼬치 15cm 5개

- **닭정육 마리네이드** 다진 마늘·소주 2큰술씩, 소금·후춧가루 약간씩

1. 닭정육은 기름을 제거하고 분량의 재료를 넣어 마리네이드한다.
2. 파프리카는 사방 1cm 크기로 자르고, 샐러드채소는 찬물에 담갔다가 물기를 제거한다.
3. 꼬치에 닭고기 → 파프리카 → 닭고기 → 마늘 → 닭고기 순으로 끼운다.
4. 팬에 올리브유를 두르고 ③을 굽는다.
5. 접시에 꼬치를 올린 후 샐러드채소를 곁들이고 발사믹리덕션을 뿌려 완성한다.

COOKING TIP

발사믹리덕션 대신 간장소스를 활용해도 좋습니다. 진간장과 설탕 1큰술씩에 올리브유 또는 참기름 조금, 후춧가루 조금을 섞어 꼬치에 발라가며 구워요.

with **라거맥주**

북어포고추장구이 구이 20분

홍이식당이라는 북어구이 백반집을 자주 찾았습니다. 잘 말린 북어를 미지근한 물에 불렸다가 새콤달콤한 고추장소스를 발라 구우면 맥주 안주로 최고지요. 차가운 라거에 추천합니다.

INGREDIENT

북어포 1개, 대파 1/2줄기, 베이비채소 약간, 깨소금 1작은술, 식용유 3큰술

- **고추장소스** 고추장 5큰술, 매실청·소주 3큰술씩, 다진 마늘 2큰술, 설탕·참기름 1큰술씩

COOKING TIP

매운맛이 부담스럽다면 고추장 대신 토마토소스를 넣으세요. 색다른 맛을 즐길 수 있어요. 토마토소스는 고추장의 2배 분량을 넣어요.

1. 북어포는 미지근한 물에 10분 담가 물기를 제거하고 5등분한다.
2. 분량의 재료를 모두 섞어 고추장소스를 만든다.
3. ①의 북어포에 고추장소스를 골고루 발라준다.
4. 대파는 곱게 다진다.
5. 팬에 식용유를 두르고 ③의 북어포를 올려 앞뒤 굽는다.
6. 접시에 담고 다진 대파와 베이비채소, 깨소금을 더해 완성한다.

with **라거맥주**

건새우튀김살사무침 튀김/무침 15분

건새우를 튀겨 토마토살사소스에 버무려 먹는 안주입니다. 살사소스의 매콤함을 시원한 맥주가 덜어주지요. 새우는 튀기거나 볶으면 더 고소해져요.

INGREDIENT

건새우 50g, 튀김가루 3큰술, 소주·호두 분태 1큰술씩, 식용유 2컵

- **토마토살사소스** 방울토마토 5개, 양파 1/4개, 고수 2줄기, 레몬즙 1/2개분, 설탕 1큰술, 소금·후춧가루 약간씩

1. 토마토살사소스를 만든다. 방울토마토는 4등분하고 양파는 0.3cm 폭으로 자른다. 고수는 다져 모든 재료와 섞는다.
2. 볼에 튀김가루, 건새우를 넣은 다음 소주를 넣어 섞는다.
3. 팬에 식용유를 붓고 160℃로 달구어 ②를 튀긴다.
4. 바삭하게 튀긴 건새우에 토마토살사소스를 버무린 후 호두 분태를 뿌려낸다.

COOKING TIP

더 알싸한 토마토살사소스를 원한다면 청양고추를 다져 넣으세요. 깔끔한 매운맛을 즐길 수 있어요.

with **라거맥주**

돼지고기짜조 튀김 20분

튀김요리는 어떤 맥주와도 앙상블이 좋지요. 다진 돼지고기와 슬라이스한 양파와 오이, 당근 등을 라이스페이퍼에 싸서 튀겨 레몬을 곁들이는 메뉴입니다. 고기는 닭고기나 소고기로 대체 가능합니다.

INGREDIENT

다진 돼지고기 150g, 양파·오이 1/3개씩, 당근 1/8개, 레몬 1/4개, 라이스페이퍼 3장, 칠리소스·스리라차소스 2큰술씩, 식용유 2컵

- **돼지고기 밑간** 다진 마늘 1큰술, 소금·후춧가루 약간씩

COOKING TIP

라이스페이퍼는 미지근한 물에 살짝 담갔다가 빼주세요. 너무 오래 담가두면 찢어지기 쉬워요.

1 양파와 당근은 다지고 오이는 껍질부분만 돌려깍은 후 다진다.
2 볼에 다진 돼지고기를 넣고 다진 마늘, 소금, 후춧가루로 밑간한다.
3 ②에 다진 양파와 당근, 오이를 넣고 칠리소스와 스리라차소스를 더해 섞는다.
4 라이스페이퍼는 미지근한 물에 살짝 담가 펼쳐 ③을 넣고 싼다.
5 튀김냄비에 식용유를 붓고 160℃로 달구어 노릇하게 튀긴다.
6 접시에 담고 레몬으로 장식한다.

with **에일맥주**

송로버섯뇨키 면요리 15분

파스타와 맥주도 환상의 궁합입니다. 크림 파스타에는 맛이 강한 에일맥주를 페어링하세요. 송로오일향과 떡의 쫄깃함을 에일맥주가 마무리해줍니다. 집에서 맛보는 고급 안주로 추천하는 메뉴입니다.

INGREDIENT

조랭이떡 13개, 양파 1/4개, 표고버섯 2개, 올리브유·송로버섯오일·그라노파다노치즈 1큰술씩, 파슬리가루·소금·후춧가루 약간씩, 생크림 1/2컵

- **조랭이떡 삶기** 물 2컵, 소금 1큰술

1. 양파는 다지고 표고버섯은 슬라이스한다.
2. 냄비에 물을 붓고 끓어오르면 소금, 조랭이떡을 넣어 3분 익힌다.
3. 조랭이떡은 건지고 떡 삶은 물은 1/4컵만 따로 덜어둔다.
4. 팬에 올리브유를 두르고 다진 양파와 슬라이스한 버섯을 볶는다.
5. ④에 생크림과 ③의 떡 삶은 물 1/4컵, 조랭이떡을 넣고 졸이다 소금, 후춧가루로 간한다.
6. 접시에 담은 후 그라노파다노치즈와 파슬리가루를 뿌리고 송로버섯오일로 마무리한다.

COOKING TIP

생크림을 구입하면 보통 한 번 쓰고 남기 마련이죠. 남은 생크림은 소스를 만들어 냉동실에 얼려두세요.

이태리족발 조림 15분

퇴근길에 들린 편의점에서 족발 하나를 샀습니다. 오늘은 뼈를 발라 소시지로 만들어 렌틸콩에 곁들이는 이태리족발 '잠뽀네'를 만들었죠. 성산일출봉과 함께 즐겨요.

INGREDIENT

족발 1팩(400~500g), 병아리콩 통조림 1/2캔(100g), 청양고추 1개, 그라노파다노치즈 1큰술, 파슬리가루 1/4작은술, 토마토소스 1컵, 물 1/3컵

1 냄비에 토마토소스와 물을 넣고 끓인다.
2 족발은 뼈를 발라내어 ①에 넣고 5분간 졸인다.
3 병아리콩은 물기를 제거하고 청양고추는 잘게 다진다.
4 ②에 병아리콩과 다진 청양고추를 넣어 3분간 졸인다.
5 접시에 담고 위에 그라노파다노치즈와 파슬리가루를 뿌려 완성한다.

COOKING TIP

족발에 토마토소스만 발라 통째로 200℃로 예열한 오븐에서 5분만 익혀도 쫀득하니 맛나요.

with **에일맥주**

골뱅이라자냐 라자냐 20분

냉장고에 만두피가 있다면 오늘의 술안주는 라자냐입니다. 미트소스와 치즈 대신 골뱅이와 토마토소스로 맛을 냈지요. 쌉쌀한 에일과 특히 어울리는 특별한 안주예요.

INGREDIENT

만두피 6장, 골뱅이 통조림 1캔(200g), 토마토소스 6큰술, 피자치즈 1/2컵, 생크림·그라노파다노치즈 1큰술씩, 파슬리가루 조금
* **만두피 삶기** 물 2컵, 소금 1큰술

COOKING TIP

골뱅이가 없으면 소라나 전복 등을 이용해도 좋아요. 한 번 개봉한 피자치즈는 1회 분량씩 소분해 냉동보관해두고 사용하세요.

1 골뱅이는 3등분으로 슬라이스해 물기를 제거한다.
2 냄비에 물을 붓고 끓어오르면 소금, 만두피를 넣어 2분 끓인다.
3 만두피는 건져 바로 찬물에 넣고 식힌 후 물기를 제거한다.
4 그라탕 볼에 ③의 만두피 2장을 깔고 토마토소스 → 골뱅이 슬라이스 → 피자치즈 순으로 반복해 올린다.
5 마지막에 여분의 피자치즈와 생크림을 넣고 200℃로 예열한 오븐에서 5분간 익힌다.
6 라자냐 위에 그라노파다노치즈와 파슬리가루를 뿌려 완성한다.

with **에일맥주**

번데기고추볶음 볶음 15분

때로는 간편한 식재료로 건강식을 찾기도 합니다. 단백질 보충에는 번데기만한 게 없지요. 라거를 마시는 듯한 청량감이 느껴지는 백스 다크와 즐겨 먹습니다. 기분 좋은 쓴맛을 느껴보세요.

INGREDIENT

번데기 통조림 1캔(150g), 양파 1/3개, 빨강 파프리카·노랑 파프리카 1/4개씩, 청양고추 2개, 마늘 5쪽, 올리브유 1큰술, 모닝롤 2개

1 번데기는 체에 걸러 물기를 제거한다.
2 양파는 4등분하고 파프리카도 같은 크기로 자른다.
3 청양고추는 5등분으로 슬라이스하고 마늘은 손으로 눌러 으깬다.
4 팬에 올리브유를 두르고 으깬 마늘을 볶은 후 나머지 채소를 넣어 볶는다.
5 불을 센불로 올려 ①의 번데기를 넣고 1분 가량 가볍게 볶는다.
6 모닝빵은 먹기 좋게 데워 곁들여낸다.

COOKING TIP

달걀 2개만 추가하면 번데기달걀찜을 만들 수 있어요. 뚝배기 바닥에 참기름을 바른 후 달걀을 거품기로 풀어 모든 재료와 함께 넣고 중불에서 약불로 낮춰 끓이면 됩니다.

with 흑맥주

제육볶음오믈렛 베이킹 15분

편의점 제육볶음에 달걀 거품을 올려 오븐에 굽거나 팬에 익혀 먹는 오믈렛 메뉴입니다. 이태리식 프리타타 만드는 방식과 비슷하지요. 달걀과 시금치, 돼지고기의 조화가 쌉싸름한 스타우트와 잘 어울려요.

INGREDIENT

완제품 제육볶음 1팩(300g), 달걀 2개, 시금치 1/4단, 그라노파다노치즈 1큰술, 파슬리가루 약간

1. 볼에 달걀을 풀고 거품기로 1분 이상 섞는다.
2. 시금치는 깨끗이 씻어 물기를 제거해 먹기 좋은 크기로 자른다.
3. 오븐용 용기에 ①의 풀어둔 달걀물을 붓고 시금치와 완제품 제육볶음을 넣는다.
4. ③을 200℃로 예열한 오븐에서 10분간 구워낸다.
5. 오븐에서 꺼내 그라노파다노치즈와 파슬리가루를 뿌려낸다.

COOKING TIP

집에 오븐이 없다면 전자레인지나 팬을 이용하세요. 참치 통조림으로 제육볶음을 대체해도 좋아요.

with **흑맥주**

깐풍만두 볶음 15분

비 내리는 밤이면 찾게 되는 혼술상입니다. 젖은 흙냄새와 캐러멜향이 나는 칭타오 스타우트에 달달한 깐풍소스는 찰떡궁합이죠. 냉동 만두에 간단한 깐풍소스와 치즈를 올려 드세요.

INGREDIENT

냉동 군만두 5개, 양파 1/4개, 꽈리고추 5개, 청양고추 1개,
호두 분태 약간, 피자치즈 2큰술

- **깐풍소스** 진간장·설탕 3큰술씩, 고추기름·녹말물 2큰술씩, 다진 대파·굴소스 1큰술씩, 후춧가루 1작은술, 레몬즙 1개분, 물 5큰술

COOKING TIP

깐풍소스는 해산물 볶음과 잘 어울려요. 명절에 부친 해물전이 남아 있다면 깐풍소스를 만들어 새롭게 즐겨보세요.

1. 냉동 군만두는 180℃로 예열한 에어프라이어에서 8분간 굽는다.
2. 양파는 사방 1.5cm 크기로 썰고 모든 고추는 송송 썬다.
3. 깐풍소스를 만든다. 팬에 고추기름과 다진 대파를 넣고 볶다가 녹말물을 제외한 모든 재료를 섞는다.
4. ③에 준비한 채소를 넣고 끓이다 녹말물을 풀어 농도를 맞춘다.
5. ④에 구운 만두를 넣고 잘 섞은 후 피자치즈와 호두 분태를 뿌려낸다.

with **흑맥주**

순대엔초비전 부침 15분

먹다 남은 순대도 좋은 안주거리가 되지요. 순대는 지짐처럼 부쳐내고 이태리 멸치인 엔초비로 소스를 만들어 함께 냅니다. 엔초비의 짭짤한 맛이 거품이 풍부한 흑맥주와 잘 어울려요.

INGREDIENT

순대 15cm, 달걀물 1개분, 밀가루 2큰술, 식용유 3큰술

- **엔초비소스** 엔초비 2마리, 쪽파 1줄기, 다진 마늘 1큰술, 그라노파다노피즈 1작은술

1 엔초비와 쪽파는 다져 남은 재료와 섞어 엔초비소스를 만든다.
2 순대를 1cm 폭으로 썰어 밀가루에 둥글려 달걀물을 입힌다.
3 팬에 식용유를 두르고 ②의 순대를 앞뒤 노릇하게 부친다.
4 접시에 순대와 엔초비소스를 곁들인다.

COOKING TIP

순대가 남았다면 사골육수에 대파와 순대를 넣고 뚝배기로 끓여드세요. 각종 채소를 넣으면 순대전골이 됩니다.

with **흑맥주**

PART. 03

정지선 셰프의 소주 시간

밤 11시, 퇴근해 돌아오면 시계바늘은 어김없이 이 시간을 가리킵니다. 식구들 모두 잠이 든 고요한 이 밤, 조용히 혼술상을 차립니다. 소주 한 잔과 안주 한 접시. 어느새 쓰디쓴 소주의 끝맛이 달게 느껴집니다. 정지선 셰프의 오늘밤 11시입니다.

그에게 소주란...

"주방에서의 고된 노동은 15년이 지나도 적응이 되지 않습니다. 주말이면 더 바쁘고 힘든 셰프의 일상. 선배들의 권유로 자연스레 마시게 된 소주 한 잔, 고량주 한 잔이 이제는 피로회복제가 되었습니다.

거의 매일 밤 나만의 혼술상을 차립니다. 그 날의 기분에 따라 주종을 정하고, 안주를 준비하지요. 냉장고를 열어 오늘의 조합을 만들어줄 재료들을 찾습니다. 그야말로 〈냉장고를 부탁해〉가 따로 없지요. 어느 날은 당기는 요리를 하고, 어떤 날은 식구들이 먹다 남긴 재료에 소스만 더하기도 합니다. 또 어떤 날은 편의점에서 사온 반조리 식품을 볶아 접시에 담기도 하지요.

쉬는 날이면 나만의 레시피로 담금주를 만드는 일도 익숙한 풍경이 되었습니다. 여러 가지 소주와 재료를 넣고 담금주를 만들며 점점 그 맛에 빠져들지요. 독한 술 한 잔과 매콤한 안주 한 접시. 오늘밤도 소박한 나의 혼술상이 펼쳐집니다."

소주 페어링 키워드

알코올향
평소 술의 맛을 기억해두었다가 그 맛을 극대화시킬 수 있는 안주를 생각합니다. 독한 술에는 자극적인 메뉴를 떠올리지만 무거운 식재료로 담백한 맛을 내지요. 소주라면 특유의 쓴맛을 덜어주는 안주를 구성합니다.

도수
도수가 높은 술은 약간 기름지고 무거운 음식을 페어링합니다. 고량주 같은 독주는 해산물찜처럼 튀지 않는 맛의 안주와 함께해 술맛을 살리지요. 신맛이 나는 술에는 짠맛과 단맛의 음식을 곁들이면 신맛을 줄일 수 있습니다.

브랜드
지역을 대표하는 술을 찾아 마십니다. 부산 바닷가에서 마시는 대선소주 한 잔은 특별히 더 맛있지요. 서울을 벗어나 지방에 가게 되면 꼭 그곳을 대표하는 소주를 마시고 안주의 배합을 생각해봅니다. 그 지역의 특징적인 맛과 술의 향을 기억해둡니다.

재료
특별히 마시고픈 주종이 있는 날이 아니라면 냉장고 속 재료에 따라 주종을 결정합니다. 운 좋게 다양한 채소류와 냉동 완제품이 있다면 선택 가능한 주종의 범위도 넓어지지요. 씻기도 귀찮은 날에는 자투리 채소로 전을 부쳐 시원한 백주와 즐깁니다. 든든한 위로를 받는 기분이지요.

온도
맥주가 2~4℃, 탁주가 6~7℃라면 소주는 8~10℃ 사이가 맛있습니다. 냉장고에 넣어둔 소주의 온도는 4~6℃ 정도이므로 잠시 실온에 두었다가 즐겨야 소주 본연의 맛을 더욱 느낄 수 있지요. 종종 소주를 슬러시처럼 얼리거나 얼음에 타서 마시는 경우도 있는데 이때는 음식과의 조화가 어렵습니다.

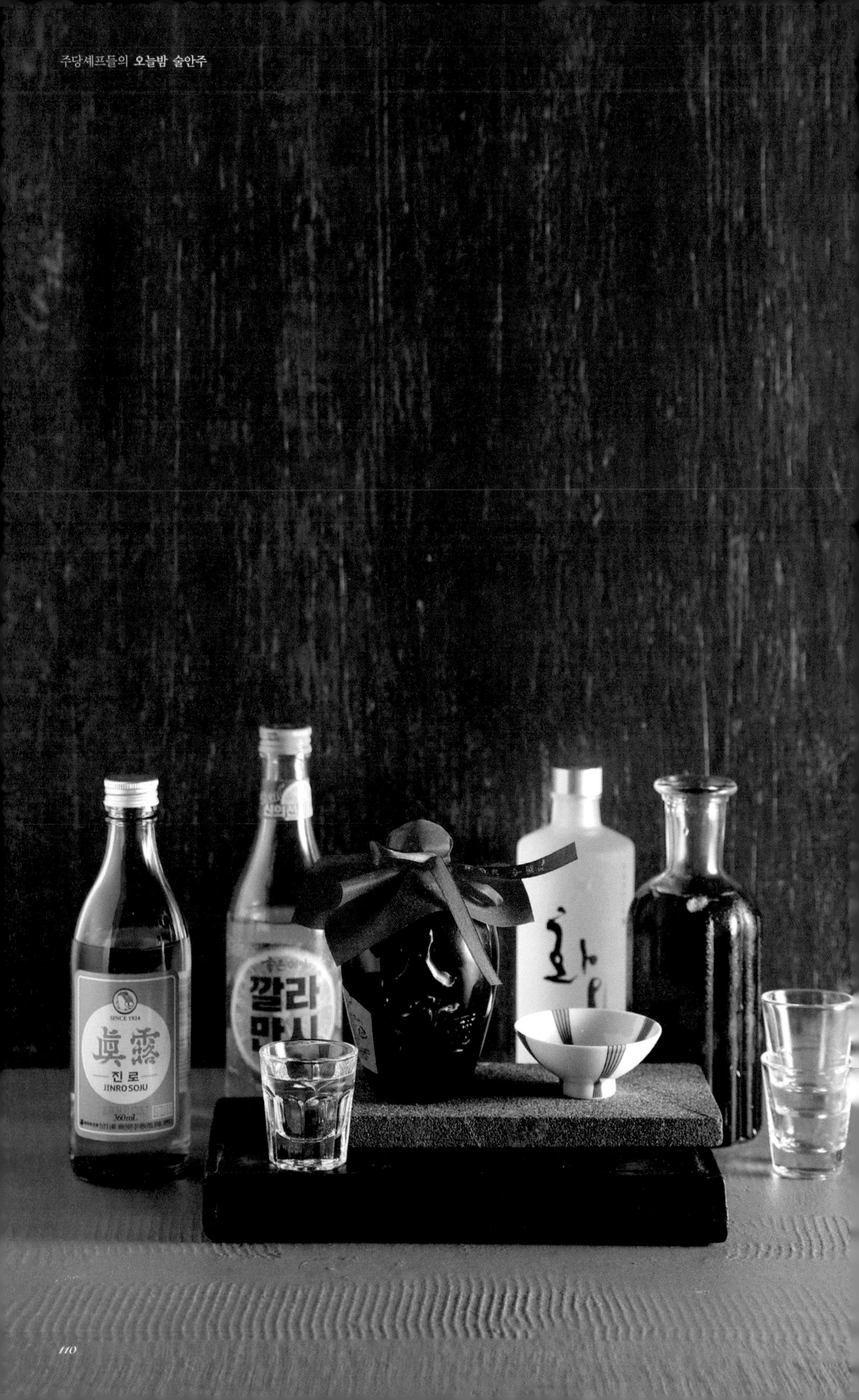
SINCE 1924
眞露
진로
JINRO SOJU
360mL
깔라

소주 셀렉트 가이드

고량주 Kaoliang Liquor
수수로 만든 증류주로 '배갈'이라 불리기도 합니다. 보통 30% 이상의 독주로 연태고량주, 강소백 등이 잘 알려져 있지요. 작은 스트레이트 잔에 따라 한입에 마셔야 깔끔하게 즐길 수 있으며 맥주잔에 얼음을 채우고 희석해 마셔도 좋습니다. 초보자라면 고량주에 물 또는 음료를 1:1 비율로 섞어 드세요. 개봉 후에는 냉장보관합니다.

소주 Soju
청주를 증류하면 소주가 되고, 희석하면 탁주가 되지요. 소주는 증류식과 희석식으로 나뉘는데, 우리가 흔히 마시는 공장소주는 희석식에 해당합니다. 주정에 물, 감미료 등을 넣어 묽게 희석한 술로 16.9%부터 21%까지 도수도 다양합니다. 최근들어 점점 낮은 도수의 소주가 인기를 모으는 중이지요. 밀봉 후 냉장보관해 즐기세요.

소주칵테일 Soju Cocktail
화학첨가제가 들어 있지 않아 재료 본연의 영양소를 그대로 섭취할 수 있는 술입니다. 과일, 약초, 꽃잎, 버섯 등으로 담그는데 특히 제철과일로 담그는 과일주가 맛있지요. 일반적으로 증류주로 만드는데 도수가 20% 미만인 술로 담그면 상하기 쉽습니다. 저는 주로 고량주와 소주를 1:3 비율로 섞어서 만듭니다.

과일소주 Fruit Soju
취향의 다변화로 도수가 낮고 다양한 향을 갖춘 과일소주도 인기입니다. '순하리 처음처럼'을 시작으로 복숭아, 석류, 블루베리, 자몽, 유자, 등 시리즈가 연이어 출시될 만큼 20~30대 여성들에게 큰 인기를 모으고 있지요. 소주에 과일원액을 섞은 맛으로 가볍게 과일향을 즐기기 좋습니다.

소주+ 안주 페어링

고량주 + 기름진 음식
기름기가 가득한 음식과 고량주를 페어링하면 깔끔한 고량주 특유의 맛을 느낄 수 있습니다. 맛이 튀지 않은 안주를 곁들여야 순도 높은 고량주의 맛을 해치지 않습니다.

소주 + 강한 양념
소주는 짜고, 맵고, 단맛의 안주와 잘 맞습니다. 깐풍소스나 마라소스 등 강한 양념의 볶음이나 뜨거운 탕과 즐깁니다.

소주칵테일 + 전 or 무침요리
기본적으로 소주칵테일 재료와의 궁합을 고려합니다. 칵테일에 향신료가 들어 있다면 향이 강하지 않은 안주를, 과일이 들어 있다면 산뜻한 맛을 더해줄 무침요리를 추천합니다.

과일소주 + 냉채 or 샐러드
무거운 요리보다는 냉채 혹은 샐러드 느낌이 나는 반조리 제품 등과 함께 냅니다. 일상생활에서 쉽게 접하는 반찬류와 어울립니다.

PREMIUM
SOJU

10 TO 1

중화풍 삼겹살볶음 with 화요

볶음 20분

잦은 미팅에 식사시간을 놓친 배고픈 밤이면 떠오르는 요리입니다. 중독성이 강한 단짠 조합으로 반주로 즐기기 좋지요. 입안에 오래 머물지 않고 깔끔하게 떨어지는 높은 도수의 화요와 페어링하면 묵직함 속에 또 다른 감칠맛이 느껴집니다.

INGREDIENT

삼겹살 100g, 양파 1/3개, 대파 1/2줄기, 마늘 4쪽, 생강 1쪽, 사천고추 5개, 고추기름 1큰술, 간장·설탕 1작은술씩, 청주 1/2컵, 식용유 2컵, 장식용 고수 약간

- **소스** 두반장·해선장·물 1큰술씩, 후춧가루 1/2작은술

1. 삼겹살은 0.5cm 폭으로 한입크기로 잘라 청주를 넣은 끓는 물에 데쳐 체에 밭친다.
2. 양파와 대파는 4cm 길이로, 마늘은 편썬다. 생강은 채썬다.
3. 팬에 식용유를 달구어 데친 삼겹살을 튀기듯 볶아낸다.
4. 분량의 재료를 모두 섞어 소스를 만든다.
5. 다른 팬에 고추기름을 두르고 대파, 마늘, 생강, 사천고추를 넣고 향이 날 때까지 볶는다.
6. 간장과 설탕, 양파를 넣어 볶다가 ③의 볶은 삼겹살과 ④의 소스를 넣고 졸여 완성한다. 고수를 올려 장식한다.

PAIRING

화요

2005년 출시된 고급 증류주로 17%, 25%, 41%, 53% 총 4가지 타입의 도수를 선보였다. 그중 도수 53%는 얼음에 희석하거나 토닉워터와 블렌딩하는 등 다양한 방법으로 즐기기 좋다.

COOKING TIP

삼겹살은 끓는 물에 한 번 데쳐 기름기와 냄새를 제거한 후 사용하세요. 데친 삼겹살은 체에 밭쳐 물기를 제거해 볶아야 소스에 잘 버무려져요.

10 TO 2

흑식초두부채무침 with 좋은데이 깔라만시

무침 15분

술이 당기는데 다음날 출근이 걱정되는 밤, 가볍게 즐기는 조합입니다. 피로회복에 좋은 흑식초 베이스의 양념에 단백질 풍부한 두부와 각종 채소를 시원하게 무쳐냈지요. 특유의 향이 나는 낮은 도수의 깔라만시 소주를 곁들이면 상큼함으로 무장한 혼술상이 차려집니다. 취향에 따라 견과류, 고수 등을 더하세요.

INGREDIENT

두부피 5장, 당근 1개, 대파 흰부분 1대, 장식용 고수 약간

- **양념** 고춧가루·고추기름·흑식초 3큰술씩, 다진 마늘·설탕 2큰술씩, 치킨파우더·간장·참기름 1큰술씩

1. 두부피는 채썰어 끓는 물에 3분간 데쳤다가 찬물에 헹구어 물기를 제거한다.
2. 당근은 곱게 채썰고, 대파는 채썰어 물에 담근다.
3. 고춧가루와 다진 마늘, 설탕, 치킨파우더를 먼저 섞어둔다.
4. 팬에 고추기름을 두르고 중불에서 끓어오르면 ③을 넣고 젓다가 남은 재료를 섞어 양념을 완성한다.
5. 볼에 채썬 두부피와 대파를 넣고 섞은 후 완성한 양념을 조금씩 넣어가며 젓는다.
6. 마지막에 당근을 넣고 살살 저어가며 무쳐 접시에 담고 장식용 고수를 올려낸다.

PAIRING

좋은데이 깔라만시

상큼한 과일소주와 다이어트 식재료인 깔라만시의 조합으로 여성들에게 특히 인기가 높다. 일반 소주에 비해 낮은 12.5% 도수로 은은한 과일향이 느껴진다.

COOKING TIP

두부피는 원하는 폭으로 면처럼 썰어 사용하세요. 두부피를 썰어 데치면 부피감도 살고 익는 속도도 빨라져 피가 질겨지는 것을 방지해요.

10 TO 3

고추홍합찜 with 파인애플팔각주

찜 15분

코끝 시린 겨울이면 떠오르는 안주와 술입니다. 추운 날씨와 매콤한 맛, 제철 홍합은 말 그대로 금상첨화이지요. 파인애플팔각주를 곁들여 매콤한 입을 달래고, 향긋한 향에 취해봅니다. 원래는 도수가 높은 담금주지만 칵테일처럼 만들었습니다.

INGREDIENT

홍합 630g, 홍피망·양파 1/4개씩, 청양고추 2개, 마른 고추 5개, 고추기름 2큰술, 다진 대파 1큰술, 다진 마늘 1작은술, 참기름 약간

- **양념** 굴소스·로간마·녹말물 2큰술씩, 청주·설탕 1큰술씩, 후춧가루 약간, 육수 1과1/2컵

1 홍합은 깨끗이 손질해 끓는 물에 입이 벌어지도록 데친다.
2 홍피망, 양파, 청양고추는 사방 2cm 크기로 썬다.
3 분량의 재료를 모두 섞어 양념을 만든다.
4 달군 팬에 고추기름을 두르고 마른 고추와 다진 대파, 다진 마늘을 넣어 볶는다.
5 ④에 준비한 채소와 양념을 넣고 볶다가 데친 홍합을 넣는다.
6 부르르 끓어오르면 불을 끄고 참기름으로 마무리한다.

PAIRING

파인애플팔각주

재료 궁합이 좋은 파인애플과 팔각으로 직접 담근 술이다. 원래 높은 도수의 술이지만 소주를 활용해 도수를 낮추어 가정용으로 만들었다. 칵테일처럼 즐겨도 좋다.

COOKING TIP

해감이 필요 없는 홍합은 솔로 껍질을 문질러 이물질을 제거하고 수염 부분만 잘라내거나 잡아당겨 정리해요. 마지막에 소금물에 헹궈 사용하세요.

흑식초절임 방울토마토 with 진로이즈백

10 TO 4

절임 15분

톡 쏘는 신맛의 흑식초에 절인 채소가 독주의 강한 맛을 중화시켜줍니다. 비타민C가 풍부한 방울토마토와 산미 가득한 흑식초의 조화가 색다르지요. 부드러운 목넘김의 진로이즈백과 페어링하니 봄밤과 어울리는 혼술상입니다.

INGREDIENT

방울토마토 20개, 노랑 파프리카 1/2개, 양파 1/4개, 식용유 6큰술

- **소스** 마른 고추 5개, 팔각 2개, 흑식초 6큰술, 설탕 3큰술, 식초 2큰술, 소금 2작은술, 산초가루 1작은술

1. 방울토마토는 끓는 물에 살짝 데쳐 찬물에 헹궈 껍질을 벗긴다.
2. 파프리카와 양파는 사방 1cm 크기로 썬다.
3. 분량의 재료를 모두 섞어 소스를 만든다.
4. 팬에 식용유를 붓고 팔팔 한 번 끓인다.
5. 볼에 껍질 벗긴 방울토마토와 준비한 파프리카, 양파를 넣고 섞은 후 소스와 ④의 끓인 식용유를 부어 섞는다.
6. 냉장실에서 하루 정도 두었다가 즐긴다.

PAIRING

진로이즈백

1924년 첫 출시를 시작한 진로의 2019년 버전. 출시 7개월 만에 1억 병의 판매를 기록한 화제의 술이다. 16.9%의 낮은 도수로 소주 특유의 알코올 맛이 덜해 인기 있다.

COOKING TIP

방울토마토로 절임을 만들 때는 꼭 껍질을 벗겨서 사용하세요. 그래야 과육으로 소스가 잘 흡수되어 맛은 물론 짧은 시간 내에 절임을 완성할 수 있어요.

10 TO 5

마라골뱅이 with 참이슬 오리지널

무침 15분

스트레스가 쌓인 날에는 역시 매운맛이 당기지요. 스트레스 해소에 좋은 조합입니다. 향과 맛이 진한 마라소스가 소주의 쓴맛을 없애주고, 시원하고 진한 소주가 마라소스의 얼얼함을 중화시켜줍니다. 골뱅이를 실당면으로 감싸 먹는 것도 별미인 안주랍니다.

INGREDIENT

골뱅이 통조림 1캔(230g), 양파1/4개, 샐러리·목이버섯 20g씩, 홍고추 2개, 불린 실당면 1줌

- **마라소스** 식초·설탕 4큰술씩, 식용유 3큰술, 로간마·산초유 2큰술씩, 다진 마늘·고춧가루·치킨파우더 1큰술씩

1 골뱅이는 수분을 제거하고 반으로 잘라서 준비한다.
2 양파는 채썰고 샐러리와 목이버섯, 홍고추는 편썬다.
3 미지근한 물에 30분 담가 불려둔 실당면은 끓는 물에 데쳐 찬물에 헹군 후 물기를 뺀다.
4 볼에 다진 마늘과 고춧가루, 로간마를 섞은 후 식용유를 팔팔 끓여 붓는다. 남은 재료를 섞어 미라소스를 완성한다.
5 반 자른 골뱅이와 준비한 채소를 ④의 미라소스에 버무린다.
6 접시에 실당면을 깔고 골뱅이무침을 올려 완성한다.

PAIRING

참이슬 오리지널

가히 '국가대표 소주'라 불릴 만한 술이다. 1998년 '소주=25%'라는 도수 공식을 깨고 대나무 참숯필터를 여과해 20.1% 도수의 소주를 선보였다. 중장년층에서 특히 선호한다.

COOKING TIP

마라소스 재료에 뜨거운 기름을 부으면 기름에 각각 재료의 향이 배어 풍미가 더욱 좋아집니다. 시판 마라소스 활용 시에는 시판 마라소스 3큰술, 고추기름 1큰술, 설탕 1작은술로 소스를 만들어요.

10 TO 6

짜사이전 with 참나무통 맑은 이슬

부침 20분

하루 종일 비가 내리는 밤이면 약속이라도 한 듯 전을 부치고 있습니다. 중국의 김치라고 불리는 짜사이와 진한 감칠맛의 바지락살, 향긋한 부추의 조합이 담백하고 아삭하지요. 오크통에서 숙성해 은은한 향이 도는 소주와 좋은 페어링을 이룹니다. 부드러운 끝 맛도 산뜻해요.

INGREDIENT

짜사이 30g, 바지락살 100g, 부추 20g, 양파 1/4개, 표고버섯 2개, 달걀 1개, 부침가루 2컵, 녹말가루·간장 1큰술씩, 후춧가루 1작은술, 식용유 1컵, 물 3컵

- **소스** 식초·설탕 3큰술씩, 다진 대파·통깨 1큰술씩, 다진 마늘·고춧가루 1작은술씩

1 짜사이는 흐르는 물에 10분간 담가 짠맛을 없애 물기를 제거한다.
2 바지락살은 흐르는 물에 씻는다.
3 부추는 3cm 길이로 썰고 양파와 표고버섯은 슬라이스한다.
4 볼에 짜사이와 바지락살, 부추, 양파, 표고버섯을 넣고 섞는다.
5 ④에 달걀, 부침가루, 녹말가루, 간장, 후춧가루, 물을 넣고 섞는다. 냉장실에서 20분간 숙성시키면 더 맛있다.
6 분량의 재료를 모두 섞어 소스를 만든다.
7 팬에 식용유를 두르고 ⑤의 반죽으로 동그랗게 전을 부쳐 소스와 함께 낸다.

PAIRING

참나무통 맑은 이슬

93년 전통의 하이트진로가 선보인 프리미엄 소주다. 참나무통 숙성 원액과 쌀 증류 원액의 블렌딩으로 깨끗함을 살렸다. 시대가 원하는 은은한 향미를 구현한 술이라는 평가.

COOKING TIP

팬에 기름을 두를 때 식용유와 참기름을 1:0.5 비율로 섞어 부치면 더욱 향긋하고 고소한 전을 맛볼 수 있어요.

10 TO 7

오이카나페 with 공부가주

카나페 15분

슬슬 땀이 나기 시작하는 계절이면 찾는 안주입니다. 아삭하고 시원한 오이와 샐러드, 공부가주의 조합이지요. 더위에 지쳐가는 몸에 수분을, 하루를 마친 나에게 향긋한 향을 선물해줍니다. 깔끔한 맛의 오이는 술안주로 최고예요.

INGREDIENT

참치 통조림 1/2캔(150g), 옥수수콘 통조림 1/3컵(198g), 오이 1개, 양파 1/4개, 블랙 올리브 4알, 홍고추 1개, 크래커 10개

- **고추냉이마요소스** 마요네즈 3큰술, 설탕 2큰술, 고추냉이 1큰술, 소금·후춧가루 약간씩

1 참치와 옥수수콘은 각각 체에 밭쳐 물기를 뺀다.
2 오이는 4~5cm 길이로 썰어 반 갈라 씨를 제거하고, 양파는 다진다.
3 분량의 재료를 모두 섞어 고추냉이마요소스를 만든다.
4 볼에 참치와 옥수수콘, 다진 양파와 고추냉이마요소스를 섞어 속을 만든다.
5 씨를 제거한 오이에 ④의 속을 채운다.
6 크래커를 살짝 부셔 위에 뿌려 완성한다.

PAIRING

공부가주
공자의 고향인 산둥성에서 생산되어 '공자의 술'이라는 애칭을 갖고 있는 술. 곡물을 발효시켜 만든 백주로 향과 맛이 깊고 풍부해 명주로 불린다. 강한 꽃향과 한약재와 비슷한 숙성향이 근사하게 맴돈다.

COOKING TIP

오이의 씨는 떫은맛을 낼 수도 있으니 제거하세요. 티스푼이나 과도를 사용해 오이 속을 파내면 아삭한 식감이 부각되어 요리의 완성도가 높아져요.

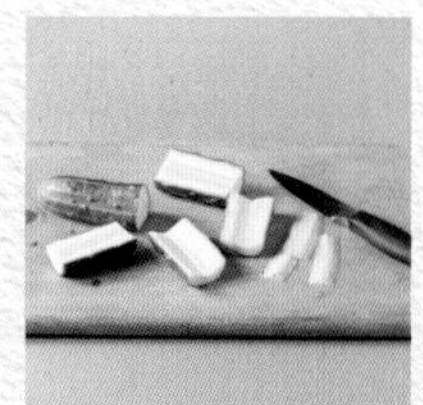

10 TO 8

홍요우푸주 with 연태

볶음 15분

푸주와 연태는 20대 중국 유학시절에 즐겨 찾던 혼술 조합이지요. 밥상에 푸주 반찬이 오른 날이면 언제나 반주를 즐겼지요. 지금까지 새로운 영감이 되어오고, 때로는 향수에 취하게 하는 조합입니다. 고추기름과 아삭한 채소를 무쳐낸 중국 현지식 밑반찬을 직접 만들어보세요.

INGREDIENT

불린 푸주 3가닥, 샐러리 20g, 당근 1/3개, 목이버섯 10g

- **소스** 흑식초 4큰술, 설탕 3큰술, 고추기름·치킨파우더 2큰술씩, 다진 마늘·두반장·산초유 1큰술씩

1. 푸주는 미리 3시간 정도 불려 준비해둔다.
2. 샐러리와 당근은 편썰고 목이버섯은 한입크기로 뜯어 준비한다.
3. 분량의 재료를 설탕이 녹을 때까지 섞어 소스를 완성한다.
4. 불린 푸주는 4cm 길이로 썰어 끓는 물에 살짝 데쳐 찬물에 헹군 후 물기를 제거한다.
5. 볼에 데친 푸주, 샐러리, 당근, 목이버섯, 소스를 넣고 무쳐낸다.

PAIRING

연태

중국 연태 지역의 대표 고량주다. 백주의 일종으로 수수를 주원료로 다른 곡물이나 원료를 배합해 만든다. 특유의 과일향과 저렴한 가격, 고량주로는 34%의 약한 도수로 국내에서도 인기가 높다.

COOKING TIP

푸주는 길게 말아서 압착한 두부로 물에 3시간 이상 불렸다가 사용합니다. 심지가 딱딱하면 조금 더 불려 쓰세요. 끓는 물에 살짝 데치면 식감이 훨씬 좋아져요.

10 TO 9

라이스페이퍼양장피 with 한라산

무침 20분

집에 술손님이 찾아왔을 때 짧은 시간 내에 중식 셰프로서 요리다운 안주를 내야 하는 날이 있지요. 그런 날 라이스페이퍼로 만들어본 양장피입니다. 쫄깃한 식감의 라이스페이퍼와 알싸한 겨자소스, 은은한 단맛의 술이 서로 잘 어울려요. 구색도, 맛도, 반응도 좋은 안주입니다.

INGREDIENT

불고기용 소고기 100g, 새우 6마리, 양파·청피망 1/4개씩, 당근 1/6개, 마른 표고버섯 3개, 목이버섯 50g, 다진 마늘·참기름 1작은술씩, 라이스페이퍼 5장, 식용유 2큰술

- **볶음 양념** 굴소스·설탕·참기름 1큰술씩, 간장·흑후춧가루 1작은술
- **소스** 겨자소스·설탕·식초 2큰술씩, 간장 1큰술, 땅콩버터 1작은술

1 새우는 손질해 씻어 등에 칼집을 낸다.
2 양파, 청피망, 당근, 마른 표고버섯은 채썰고, 목이버섯은 한입크기로 준비한다.
3 끓는 물에 새우와 마른 표고버섯, 목이버섯을 각각 데쳐 찬물에 헹궈 물기를 제거한다.
4 팬에 식용유를 두르고 다진 마늘로 향을 낸 후 소고기를 볶는다.
5 ④에 양파, 표고버섯을 넣고 볶다가 양념을 더해 볶아낸다.
6 라이스페이퍼는 끓는 물에 살짝 담갔다 꺼내 참기름에 버무린다.
7 분량의 재료를 섞어 소스를 만든다.
8 접시 한쪽에 새우, 당근, 청피망, 목이버섯을 가지런히 담고 라이스페이퍼와 ⑤의 볶음요리, 소스를 곁들인다.

PAIRING

한라산

1993년 출시된 소주로 제주도에서 생산한 쌀과 화산암반수로 제조한 프리미엄 소주이다. '처음처럼', '참이슬'보다 도수는 높지만, 첫맛은 부드럽고 끝맛은 깔끔하다.

COOKING TIP

기름을 두른 팬에 마늘을 넣고 중불로 연갈색이 날 때까지 소고기를 볶은 후 채소와 양념을 더해 볶으세요. 잡내는 사라지고 감칠맛이 높아져요.

10 TO 10

사리곰탕울면 with 안동소주

면요리 15분

종일 기름진 중식을 요리하다 보면 담백한 음식이 당기는 날이 있지요. 그럴 때마다 자주 찾는 메뉴입니다. 사골곰탕 맛이 나는 라면에 각종 채소와 해물을 넣는 중국식 울면이지요. 그윽한 향과 특유의 감칠맛이 느껴지는 안동소주와 페어링합니다.

INGREDIENT

사리곰탕면 1봉지, 오징어 1/2마리, 중새우 3마리, 시금치 1줌, 청양고추 1개, 달걀 1개, 맛술·녹말물 1큰술씩, 다진 마늘·소금 1작은술씩, 식용유 3큰술, 뜨거운 물 3컵

1 오징어는 손질해 편썰고 새우는 내장 제거 후 등을 따 준비한다.
2 시금치는 윗둥만 제거하고 청양고추는 편썬다.
3 팬에 식용유를 두르고 청양고추와 다진 마늘을 충분히 볶는다.
4 ③에 오징어, 새우, 시금치, 맛술, 소금을 넣어 살짝 볶은 후 뜨거운 물을 붓고 끓인다.
5 사리곰탕면과 수프를 넣고 끓이다 녹말물로 농도를 맞추고 달걀을 풀어 마무리한다.

PAIRING

안동소주

경상북도 안동에서 1920년부터 생산된 소주다. 일반적인 증류주와 달리 멥쌀과 밀로 만든 누룩을 사용해 발효시킨 술로 소주의 색다른 면모를 즐길 수 있다.

COOKING TIP

사리곰탕면을 끓이기 전에 다진 마늘과 청양고추를 충분히 볶아 기름에 향을 입혀주세요. 음식의 풍미가 배가되어요.

게살생크림볶음 볶음 15분

평소 간식처럼 먹던 크래미로 고급스러운 중국요리를 만들었습니다. 달걀흰자와 생크림만으로 색다른 술안주가 되지요. 파인애플향 가득한 고량주와 곁들이니 호사스러운 혼술상이 차려집니다.

INGREDIENT

달걀흰자 1개분, 크래미 4개, 브로콜리 약간,
다진 대파·생크림·녹말물 1큰술씩, 다진 마늘·소금·설탕 1작은술,
식용유 3큰술, 물 1/4컵

1 달걀흰자는 거품기를 이용해 거품을 충분히 낸다.
2 크래미는 손으로 찢어 준비한다.
3 팬에 식용유를 두르고 다진 대파와 다진 마늘을 충분히 볶는다.
4 ③에 크래미와 물을 넣고 2분정도 끓이다가 생크림, 소금, 설탕으로 간한다.
5 녹말물을 넣어 농도를 맞춘 후 불을 끄고 ①의 거품을 넣고 볶은 후 접시에 담는다.
6 브로콜리 꽃송이의 초록색 부분을 곱게 다져 장식한다.

COOKING TIP

달걀흰자로 거품을 내는 게 어렵다면 달걀흰자 1개에 생크림 4큰술을 섞어 사용하세요. 팬에 기름을 둘러 흰자생크림을 익혀 넣어도 부드러워요.

with **고량주**

토마토순두부탕 탕 15분

각각 비타민과 단백질이 풍부한 토마토와 두부를 매콤한 육수로 시원하게 끓여낸 탕입니다. 비 오는 밤, 고량주처럼 도수 높은 술과 함께 먹으면 하루의 스트레스가 한순간에 사라집니다.

INGREDIENT

순두부 1/2개(350g), 오징어 1/2마리, 토마토 2개, 팽이버섯 1/2개, 콩나물 1컵, 마른 고추 5개, 다시팩 1개(25g), 물 3컵

- **양념** 고추기름 2큰술, 치킨파우더·두반장·소금 1큰술씩, 다진 마늘·설탕 1작은술씩

1. 냄비에 분량의 물을 붓고 다시팩을 넣어 10분간 끓인다.
2. 오징어는 씻어 사선으로 편썰어 준비한다.
3. 토마토는 8등분하고 팽이버섯은 반 가른다.
4. 팬에 고추기름을 두르고 중불에서 마른 고추와 다진 마늘을 볶다가 토마토와 두반장을 넣고 1분간 볶는다.
5. ④에 우려둔 육수를 붓고 순두부와 오징어, 콩나물, 나머지 양념 재료를 모두 넣어 끓여 완성한다.

COOKING TIP

토마토가 덜 익었다면 팬에 넣고 오랫동안 볶아서 익혀주세요. 토마토의 단맛과 신맛을 극대화시킬 수 있어요.

with **고량주**

허브홍차황도 마리네이드 5분

'달콤한 향들의 오페라'라고 부르고픈 메뉴입니다. 달짝지근한 황도의 향과 은은한 홍차의 향, 고량주의 향까지 더해져 마시는 내내 황홀하지요. 과일은 술의 농도를 희석해 위의 부담을 덜어줍니다.

INGREDIENT

황도 통조림 1캔(400g), 타임 3줄기, 얼그레이 티백 2개

1 황도는 과일 알맹이와 국물을 분리한다.
2 황도 알맹이는 사방 2cm 크기로 썬다.
3 냄비에 황도 국물을 넣고 중불에서 데운다.
4 불을 끄고 타임과 얼그레이 티백을 넣고 우린다.
5 색이 나기 시작하면 황도를 넣고 냉장실에서 차갑게 식힌 후 세팅 전에 티백을 제거한다.

COOKING TIP

황도 국물은 중불에서 은근하게 데워주세요. 너무 센불에서 데우면 금세 졸여져 국물이 사라지기 쉬워요. 국물에서 거품이 나기 시작하면 불을 끕니다.

with **고량주**

새우젓파기름납작면 면요리 10분

북경 전통의 비빔면을 간단하게 안주로 만들었습니다. 파기름과 새우젓으로 맛낸 양념에 채소와 납작면을 넣고 버무렸지요. 독주의 목넘김을 부드럽게 도와주는 안주입니다.

INGREDIENT

불린 납작면 200g, 오이 1개, 샐러리 1대, 대파 2줄기, 팔각 2개, 새우젓 1큰술, 산초가루·설탕 1작은술씩, 식용유 1컵

- **간장소스** 간장·맛술·설탕·버터 1큰술씩, 물 1/3컵
- **면 양념** 간장·식용유 1큰술씩

COOKING TIP

파기름을 만들 때는 센불로 시작해 중불로 바꿔주세요. 갈색이 나기 시작하면 불을 끕니다. 대파와 쪽파를 1:1 비율로 넣고 끓이면 기름의 향이 더욱 좋아져요.

1 납작면은 미지근한 물에 3시간 불려 미리 준비해둔다.
2 오이, 샐러리, 대파는 채썬다.
3 팬에 식용유를 넉넉히 둘러 채썬 대파를 넣고 중불로 끓인다.
4 ③의 색이 변하기 시작하면 팔각, 새우젓, 산초가루를 넣고 한 번 더 끓인다.
5 납작면은 끓는 물에 삶아 찬물에 헹군 후 물기를 없애 양념한다.
6 분량의 재료를 모두 섞어 간장소스를 만든다.
7 접시에 양념에 버무린 납작면을 담고 간장소스를 부은 후 오이와 샐러리를 얹어 마무리한다.

with **고량주**

마라어묵탕 탕 15분

퇴근이 늦은 날, 간단히 어묵탕 하나 끓여 남편과 술잔을 기울이며 하루의 수고를 토닥입니다. 매콤한 마라어묵탕에 소주 한 잔의 여운이 길게 남아요.

INGREDIENT

어묵 6개, 무 100g, 청경채 2개, 표고버섯 2개, 대파 1/2대, 다시팩 1개(25g), 물 5컵

- **양념** 마라소스·산초유 2큰술씩, 다진 마늘·고춧가루·간장·설탕 1큰술씩

1 냄비에 분량의 물을 붓고 다시팩을 넣어 10분간 끓여 우려지면 티백을 제거한다.
2 무는 사각 모양으로 편썰고 표고버섯은 기둥에 칼집을 넣는다. 대파는 송송 썰고 청경채는 윗동만 잘라 사용한다.
3 어묵은 사방 3cm 크기로 썰어서 준비한다.
4 ①에 무와 표고버섯을 넣고 끓이다 양념을 넣는다.
5 어묵과 대파를 넣고 한 번 더 끓이고 불을 끄기 전에 청경채를 넣어 마무리한다.

COOKING TIP

시판 마라소스 사용 시 맛이 약하게 느껴지면 청양고추를 곱게 썰어 소스와 충분히 볶아 넣으세요. 매콤함과 감칠맛이 잘 살아납니다.

with **소주**

깐풍소야 볶음 15분

중식을 대표하는 깐풍소스로 술안주의 대명사 '쏘야'를 재탄생시켰습니다. 중식 셰프인 제 입맛에도 딱 맞는 술안주입니다. 누구나 좋아하는 맛, 중화풍 깐풍소스와 소시지, 그리고 소주입니다.

INGREDIENT

소시지 15개, 피망 1/4개, 양파 1/6개, 방울토마토 5개,
다진 마늘 1큰술, 식용유 2큰술

- **소스** 설탕 2큰술, 간장·굴소스·고춧가루·식초·녹말가루 1큰술씩, 흑후춧가루 1작은술, 물 1/2컵

1. 소시지는 칼집내어 끓는 물에 데쳐 준비한다.
2. 피망과 양파는 사방 1cm로 썰고 방울토마토는 반 자른다.
3. 분량의 재료를 가루가 녹을 때까지 섞어 소스를 만든다.
4. 팬에 식용유를 두르고 중불에서 다진 마늘을 볶아 충분히 향을 내고 방울토마토를 넣어 볶는다.
5. 소시지와 피망, 양파, 소스를 넣고 볶아낸다.

COOKING TIP

대부분의 재료가 금세 익으므로 너무 숨이 죽지 않도록 신경써주세요. 빠른 시간에 볶아내면 식감도, 비주얼도 좋아져요.

with **소주**

XO소스순대볶음 볶음 10분

신림동에서 자주 먹던 순대볶음을 중식 소스인 XO로 특유의 향과 맛을 살렸습니다. 맛에 반해, 추억에 취해 소주잔에 자꾸 손이 갑니다.

INGREDIENT

냉장 순대 150g, 떡볶이떡 60g, 양파 1/4개, 깻잎 5장, 다진 마늘·맛술·간장 1큰술씩, 식용유 3큰술

- **소스** 굴소스 3큰술, XO소스·고추기름·설탕 2큰술씩, 흑후춧가루 1/2작은술, 물 4큰술

COOKING TIP

진공포장된 순대는 물에 데치거나 전자레인지로 가열해 조리하세요. 전체 조리시간을 단축시키고 조리 시 순대도 잘 풀어지지 않아요.

1. 순대는 전자레인지에 1분간 돌려 살짝 가열 후 2cm 길이로 썬다.
2. 양파는 채썰고 깻잎은 돌돌 말아 곱게 채썬다. 떡은 물에 불려둔다.
3. 팬에 식용유를 두르고 다진 마늘을 볶아 충분히 향을 낸다.
4. 연갈색이 나기 시작하면 맛술과 간장을 넣어 한 번 더 향을 내고 양파를 넣어 볶는다.
5. ④에 순대와 떡을 넣고 소스 재료를 더해 볶아 마무리한다.
6. 접시에 담고 준비한 채썬 깻잎을 곁들인다.

with **소주**

매운 바지락소주찜 찜 15분

바다 내음 가득한 바지락을 매콤한 술찜으로 준비했습니다. 소주 한 잔과 함께 맛보니 이곳이 을왕리 같고 소래포구 같네요. 그 향에 취해 항상 과음하게 만드는 조합입니다.

INGREDIENT

바지락 30개, 마른 고추 10개, 청양고추 2개, 대파 1/4대, 청주·식용유 1큰술씩, 다진 마늘 1작은술, 참기름 약간

- **양념** 굴소스·두반장·녹말가루 1큰술씩, 간장 1작은술, 후춧가루 1/2작은술, 물 3큰술

1 바지락은 소금물에 2시간에서 반나절 정도까지 담가 미리 해감해둔다.
2 냄비에 물을 끓여 바지락을 넣고 입이 벌어질 때까지 데친다.
3 분량의 재료를 모두 섞어 양념을 준비한다.
4 청양고추는 씨를 제거해 잘게 썰고, 대파는 반 갈라 송송 썬다.
5 팬에 식용유를 두르고 다진 마늘을 볶아 향을 내고 마른 고추와 청양고추, 대파를 넣고 볶는다.
6 바지락과 청주를 넣고 볶다가 ③의 양념을 넣고 한 번 더 볶은 후 참기름으로 마무리한다.

COOKING TIP

바지락은 체에 밭쳐 물 1리터 기준, 소금 2큰술을 녹인 물에 담가 검정 봉지로 덮어 해감합니다. 반나절 정도 그대로 두면 불순물이 거의 제거되어요.

with **소주**

새우스틱춘권 튀김 15분

바삭한 식감이 매력적인 춘권튀김입니다. 매콤한 소스에 버무린 깻잎과 새우를 춘권피에 감싸 튀겼지요. 특별히 자극적이지 않아 소주칵테일과 곁들이면 밤새 부담 없이 즐기기 좋습니다.

INGREDIENT

춘권피 10장, 중새우 20마리, 연근 50g, 깻잎 10장, 달걀 1개, 녹말가루 1/2컵, 식용유 1컵, 밀가루풀 약간

- **소스** 고춧가루·참기름 2큰술씩, 굴소스·설탕 1큰술씩, 두반장·소금·흑후춧가루 1작은술씩

1 새우는 내장 제거 후 깨끗이 씻어 물기를 제거한다.
2 연근은 껍질을 벗겨 사방 0.5cm 크기로 다진다.
3 볼에 새우를 넣고 으깬 후 다진 연근과 달걀, 녹말가루를 넣고 한쪽 방향으로 젓는다.
4 분량의 재료를 모두 섞어 소스를 만든 후 ③에 넣고 한 번 치댄다.
5 춘권피에 깻잎을 깔고 ④를 넣고 가장자리에 밀가루풀을 발라 돌돌 말아 고정시킨다.
6 팬에 식용유를 붓고 끓어오르면 춘권을 넣고 튀긴다.

COOKING TIP

샹그리아소주칵테일

재료 냉동 라즈베리·냉동 블루베리 1/2컵씩(100g), 복분자 1컵(100g), 꿀 3큰술, 소주 1병(350ml)

만들기 소주를 제외한 모든 재료를 넣고 핸드블렌더로 갈아 소주와 믹스해 마신다.

with **소주칵테일**

경장육사 볶음 20분

중국 북경의 고유의 장이라고 불리는 경장은 춘장을 뜻하지요. 고기와 채소를 볶아 두부피에 감싸 먹는 메뉴로 대파의 향긋함이 파인애플팔각주의 달콤한 향과 잘 어우러집니다.

INGREDIENT

건두부 5장, 돼지고기 등심 100g, 표고버섯 5개, 죽순 1개, 양파 1/2개, 대파 흰부분 1대, 간장 1큰술, 식용유 3큰술

- **춘장소스** 설탕 3큰술, 볶음 춘장 2큰술, 굴소스·고춧가루 1큰술씩, 황두장 1작은술, 식용유

1. 등심은 5×1cm 크기로 썰어 간장과 식용유를 넣고 밑간한다.
2. 표고버섯과 죽순, 양파, 대파도 5×1cm 크기로 채썬다.
3. 분량의 재료를 모두 섞어 춘장소스를 만든다.
4. 팬에 식용유를 두르고 춘장소스를 넣고 중불에서 볶는다.
5. 다른 팬에 식용유를 둘러 ①을 볶다가 대파를 약간 넣는다.
6. 남은 채소를 넣어 볶고 ④의 춘장소스도 넣고 볶아 마무리한다.
7. 건두부를 끓는 물에 데쳐 접시에 깔고 대파채와 ⑥의 볶음을 올린다.

COOKING TIP

파인애플팔각주

재료 껍질 제거한 파인애플 1개, 팔각 5개, 정향 1개, 프레시 민트 1팩(10g), 유기농 비정제설탕 10큰술, 소주 2병(700ml)

만들기 소독한 병에 재료를 모두 넣고 밀봉. 1일 상온보관 후 냉장보관한다. 최소 5일 이상 숙성은 필수.

with **소주칵테일**

즈란오징어버터구이 구이 10분

양꼬치하면 떠오르는 즈란으로 오징어버터구이에 변화를 주었습니다. 고소한 풍미의 버터를 오징어에 바르고 미나리과 식물 씨앗인 즈란(큐민) 베이스의 소스를 덧발라 구웠지요. 가벼운 안주로도 손색 없습니다.

INGREDIENT

오징어 1마리, 버터 1큰술

- **즈란소스** 즈란·설탕 1큰술씩, 소금·산초가루 1작은술씩

1. 오징어는 껍질을 벗겨 손질해 씻은 후 물기를 제거한다.
2. 몸통에 칼집을 낸 후 버터를 골고루 바른다.
3. 분량의 재료를 모두 섞어 즈란소스를 만든다.
4. ②에 준비한 즈란소스를 뿌려둔다.
5. 200℃ 온도의 에어프라이어에서 10분간 굽는다. 완전 익히고 싶다면 뒤집어 5분 더 굽는다.

COOKING TIP

국화팔각담금주

재료 국화차 15g, 팔각 3개, 프레시 딜 1팩(20g), 소주 약 3병(1000L), 고량주 1병(250ml)

만들기 소독한 병에 재료 모두 넣고 밀봉. 3일간 상온보관 후 즐긴다. 최소 3일 이상 숙성이 필수.

with 소주칵테일

매운맛닭똥집볶음 볶음 15분

포장마차에서 흔히 맛보던 닭똥집을 떠올리면 서운하지요. 침샘을 자극하는 닭똥집볶음에 달콤한 과일소주를 곁들였습니다. 매운맛에 몸부림치는 입안을 달래주기 충분합니다.

INGREDIENT

닭모래집 10개, 샐러리 1/3대, 청양고추 2개, 마늘 10쪽, 녹말가루 3큰술, 밀가루·소주 1/2컵씩

- **양념** 마라소스 3큰술, 고추기름·설탕 2큰술씩, 흑식초 1큰술

1 닭모래집은 밀가루로 손질해 1cm 두께로 편썰어 녹말가루에 묻혀둔다.

2 샐러리와 청양고추, 마늘은 모양대로 편썬다.

3 팬에 고추기름을 두르고 중불에서 ①의 닭모래집을 넣고 볶은 후 따로 덜어둔다.

4 ③의 팬에 양념 재료와 청양고추를 넣고 센불로 볶아 향을 낸다.

5 ④에 소주 1/2컵을 부어 볶은 닭모래집과 샐러리, 마늘을 넣고 졸여 완성한다.

COOKING TIP

복숭아홍차담금주

재료 천도복숭아 5개, 홍차 2큰술, 프레시 타임 1팩(20g), 유기농 비정제 설탕 5큰술, 소주 약 3병(1000L)

만들기 소독한 병에 재료 모두 넣고 밀봉. 3일 상온보관 후 냉장보관한다. 최소 7일 이상 숙성은 필수.

with **소주칵테일**

갓김치명란달걀말이 부침 15분

트렌드의 중심에 있던 명란과 국민 반찬인 달걀말이의 조합에 갓김치의 아삭한 식감을 더했습니다. 과연 어울릴까 싶은 재료의 조합이 쓰디쓴 소주마저 달게 만들어주지요.

INGREDIENT

달걀 6개, 명란 2개, 갓김치 1/2컵, 쪽파 1줄기, 녹말물 1큰술, 다진 마늘 1작은술, 설탕·식용유 약간씩, 장식용 고추 약간

1 달걀은 면보 위에 풀어 알끈을 제거해 준비한다.
2 갓김치는 흐르는 물에 씻어 물기를 꾹 짜고 곱게 다진다.
3 쪽파는 곱게 다지고, 다진 마늘은 물에 헹궈 물기를 없애둔다.
4 ①의 달걀물에 녹말물을 넣고 한 번 더 체에 거른 후 다진 갓김치와 쪽파, 마늘을 넣어 섞는다.
5 명란은 겉면의 이물질 제거한다.
6 팬에 식용유를 두르고 ④를 넓게 편 후 돌돌 말아 완성한다.
7 명란을 그 위에 얹고 장식용 고추 등을 함께 올린다.

COOKING TIP

달걀말이용 달걀물에 녹말물을 넣으면 점성이 강해져 쉽게 찢어지지 않습니다. 완성 시에도 달걀말이에 윤기가 돌아요.

with **과일소주**

냉면구이 구이 10분

유학시절 길거리 음식으로 즐겨 먹었던 메뉴입니다. 모양과 재료를
달리하고 마라소스를 더해 만들었지요. 살얼음 잡힌 과일소주 한 잔과
여름밤에 즐기기 좋아요.

INGREDIENT

봉지 냉면 1개분, 달걀 1개, 송송 썬 쪽파 2큰술, 식용유 4큰술

- **소스** 마라소스 3큰술, 흑식초 2큰술, 참기름 1작은술

1. 냉면은 끓는 물에 한 번 삶아 물기를 제거한다.
2. 팬에 ①의 냉면을 넓게 펴고 식용유를 둘러 굽는다.
3. 면이 구워지기 시작하면 달걀을 풀어 면 위에 바르고 달걀이 익으면 뒤집는다.
4. 뒤집은 면에 소스 재료를 모두 섞어 바르고 달걀말이처럼 말아준다.
5. 접시에 옮기고 남은 소스를 윗면에 바르고 송송 썬 쪽파를 뿌린다.

COOKING TIP

쫄면, 국수 등 다양한 면으로도 만들 수 있습니다. 살짝 데쳐 물기를 제거한 후 그대로 팬에 넓고 얇게 펴서 구우면 모양이 잘 잡혀요.

with 과일소주

중화풍 견과류멸치볶음 볶음 15분

식탁 감초인 멸치를 맵고 짜게 양념해 견과류와 볶아 중독성 있는 안주로 변신시켰습니다. 퇴근 후 밥 생각이 없을 때 간단하게 즐기기 좋은 혼술 안주입니다.

INGREDIENT

멸치 60g, 캐슈너트 50g, 청양고추·홍고추 2개씩, 식용유 2컵

소스 고추기름·설탕·맛술·물 2큰술씩, 두반장 1큰술, 다진 마늘·다진 생강 1작은술씩

1. 멸치는 체에 밭쳐 불순물을 털어낸다.
2. 팬에 식용유를 붓고 온도가 170℃가 되면 멸치와 캐슈너트를 넣고 중불에서 서서히 튀기듯 볶는다. 캐슈너트의 색이 변하기 시작하면 불을 끄고 체에 밭친다.
3. 청양고추와 홍고추는 반 갈라 씨를 제거해 그대로 슬라이스한다.
4. 팬에 고추기름을 둘러 다진 마늘과 다진 생강, 맛술을 넣고 향을 낸 후에 준비한 청양고추와 홍고추를 넣어 볶는다.
5. ④에 분량의 설탕과 물을 넣고 두반장을 섞어가며 볶는다.
6. 튀긴 멸치와 캐슈너트를 넣어 소스가 없어질 때까지 볶아 마무리한다.

COOKING TIP

멸치는 6cm 내외의 크기가 적당합니다. 팬에 살짝 볶아 말려 사용하면 맛이 충분히 올라오지요. 소스가 없어질 때까지 볶아야 바삭해요.

with **과일소주**

어향소스 곁들인 무스비 주먹밥 15분

중국요리에서 가지요리하면 떠오르는 어향소스로 간단 무스비를 만들었습니다. 허기지고 기력 부치는 밤, 반주처럼 즐기기 좋은 메뉴이지요. 식사 대용 술안주입니다.

INGREDIENT

밥 1공기, 스팸 1캔(200g), 가지 1개, 양파 1/4개, 청양고추 2개, 김 1장, 녹말가루 3큰술, 식용유 1컵

- **어향소스** 두반장·설탕·식초·녹말가루 2큰술씩, 다진 마늘·고춧가루·치킨파우더 1큰술씩, 물 3큰술

1. 스팸은 1cm 두께로 썰고 가지는 껍질을 벗겨 편썬다. 양파와 청양고추는 다져둔다.
2. 팬에 식용유를 둘러 코팅한 후 가지와 스팸을 각각 구워낸다.
3. 분량의 재료를 모두 섞어 어향소스를 만든다.
4. 팬에 식용유를 둘러 다진 양파와 청양고추를 볶다가 어향소스를 넣어 볶는다.
5. 통조림 틀에 랩을 깔고 스팸 → 밥 → 가지 → 스팸 순으로 쌓는다.
6. 틀에서 꺼내어 김을 감싼 후 고정해두고 2cm 폭으로 썰어 어향소스를 곁들인다.

COOKING TIP

가지의 껍질은 자칫 질기게 느껴질 수 있습니다. 껍질을 벗겨 사용하면 한층 부드러워요.

with **과일소주**

PART. 04

안재현 셰프의 전통주 시간

밤 11시, 거실에는 잔잔한 음악이 흐릅니다.
냉장고를 열어 오늘의 술안주를 결정하면, 페어링할 전통주를 떠올립니다. 그리고 오늘의 혼술 시간을 함께 빛내줄 접시와 잔을 고르지요. 하루 일과를 마친 안재현 셰프가 혼술을 준비하는 시간입니다. 오늘의 마지막 이벤트가 시작됩니다.

그에게 전통주란…

"직업의 특성상 오전부터 밤까지 하루 종일 일하는 게 일상인 나에게 퇴근 후 혼술은 사소하지만 의미 있는 하루의 마지막 이벤트입니다. 술 한 잔을 기울이며 친구들과 밀린 연락을 나누고 여자친구에게 힘들었던 하루를 공유하고 위로를 받기도 하지요. 일과에 너무 지친 날에는 술이 오히려 각성제가 되어 또 다른 의욕을 불태우기도 합니다. 몇몇 새 메뉴가 이 시간에 만들어졌습니다.

높은 도수의 술보다는 적당한 도수의 술로 은은하게 조금씩 취기가 오르는 걸 선호합니다. 전통주는 이런 나의 음주 취향에 딱 들어맞는 술이지요. 강한 알코올향이 느껴지는 소주와는 다른 느낌에 처음 접했을 때부터 끌렸습니다. 여러 가지 맛이 가미된 다양한 종류도 궁금증을 불러 모았지요. 그날의 기분과 날씨, 안주에 따라 골라 마시는 재미가 더해졌습니다.

전통주를 향한 궁금증은 일터로 확장되었습니다. 서촌에 와인바를 오픈하면서 와인 리스트 한쪽에 전통주 리스트를 넣었지요. 와인과 전통주, 알고 보면 꽤 닮았습니다. 천천히 음미하기 좋고 요리와 함께하면 풍미가 배가되는 술입니다. 자, 오늘은 어떤 안주에 어떤 전통주를 페어링할까요? 퇴근 길, 집으로 향하는 발걸음이 설렙니다."

전통주 페어링 키워드

온도

시원하고 차가운 한 잔! 술의 온도는 가장 중요한 페어링 조건입니다. 차가운 상태의 알코올이 마시기에 덜 부담스럽지요. 술잔에서 느껴지는 시원함이 하루의 마무리를 상쾌하게 해줍니다. 차가운 상태의 술은 어떤 안주와 매칭해도 무난히 어울립니다.

향

전통주는 사용하는 재료에 따라 그 향도 천차만별이지요. 그래서 항상 술의 향부터 맡아봅니다. 술 자체의 향을 온전히 느끼면서 술의 이미지를 형상화시키죠. 그 느낌에 따라 어떤 요리와 어울릴지 생각합니다. 달콤한 향이라면 디저트처럼 가벼운 스타일의 안주와, 강렬한 향이라면 느끼한 스타일의 안주와 페어링합니다.

텍스처

술도 음식처럼 개인마다 느끼는 바디감이 각기 다르지요. 어떤 술은 매끈하고 어떤 술은 텁텁합니다. 또 어떤 술은 묵직하게 느껴지지요. 하루하루 마시고 싶은 술이 다르듯 이러한 다름의 차이가 페어링의 시작점입니다. 각가의 주종마다 그 특징을 알아두면 안주와 페어링하기 좋습니다.

잔

같은 술이라도 어떤 잔에 마시는가에 따라 느낌이 달라집니다. 술의 향은 물론 분위기도 달라지고 페어링에도 영향을 미치지요. 평소 그릇에 관심이 많아서인지 종종 술잔이 마음에 들지 않으면 술맛도 덜하지요. 주로 탁주와 청주는 사기잔, 과실주는 유리잔에 마십니다.

음식

보통 사람들은 먼저 술을 한 잔 마시고 술의 독함과 알코올향을 없애려고 안주를 먹지요. 내 경우는 그 반대입니다. 먼저 준비한 안주를 맛보고 술 한 모금을 넘겨 입안에 남은 음식의 맛을 씻어주지요. 그러면 안주와 술의 어울림을 더 확실히 느낄 수 있습니다.

月桂冠
The Original Plum Wine
純
매취순
SINCE 1924
일품진로
花

전통주 셀렉트 가이드

청주 淸酒
맑고 청량감이 있는 술로 어른들의 반주용으로 손꼽힙니다. 도수는 13% 이상인데 달달한 맛에 취하기 쉬워 '앉은뱅이술'로도 불리지요. 쌀을 주원료로 종류에 따라 누룩, 매실, 복분자, 생강 등 다양한 원료를 발효시켜 만듭니다. 봄과 여름에는 차갑게 마셔야 제맛이지요. 빛깔이 투명할수록 좋으며 밀봉 상태에서 상온 6개월 보관 가능합니다.

사케 日本酒
일본식 청주로 무색에 단맛과 쓴맛이 모두 느껴지는 술입니다. 따로 재배한 사케용 쌀로 누룩을 만들고 발효시켜 맑게 걸러냅니다. 보통 따뜻하게 데워 마시지만 취향에 따라 얼음을 채워 온더록으로 즐기기도 하지요. 병을 옮겨 담았다면 어둡고 서늘한 곳에 두고 1년 이내에 마시기를 권합니다. 종류에 따라 냉장보관이 필수인 사케도 있습니다.

탁주 濁酒
쌀에 누룩을 넣어 발효시킨 술입니다. 맑은 술을 따라내지 않아 일반적으로 색이 탁하고 도수가 약하지요. 적당한 단맛과 신맛이 나며, 종류에 따라 맥주의 목넘김 같은 강한 청량감까지 느껴져 매력적이지요. 냉장보관이 필수이며, 생 탁주라면 반드시 0~10℃에서 세워 보관합니다. 유통기한을 꼭 지켜주세요.

과실주 果實酒
사과, 포도, 무화과, 배, 자두, 딸기 등 과실을 주원료로 발효시켜 만든 술입니다. 사과주와 포도주가 대표적이지요. 신선하고 달달하며 특유의 상큼함과 신맛이 특징입니다. 전통주 중에서도 도수가 높지 않아 가볍게 즐기기 좋지요. 직사광선을 피해 서늘한 곳이나 냉장보관해 즐깁니다.

전통주 +
안주 페어링

청주 + 생선요리 or 육류요리
깊고 깔끔한 청주는 건강하면서도 가벼운 요리와 페어링합니다. 무겁지 않은 생선요리나 육류요리와 좋은 조합을 이루지요. 잡냄새도 잡아주어 스타터 디시와 페어링하면 입안을 상쾌하게 만들어줍니다.

사케 + 튀김요리 or 해산물요리
사케는 가을, 겨울에는 따듯하게 데워 마시고 봄과 여름에는 차게 해서 마시는 게 일반적입니다. 사케의 온도에 맞춰 안주를 페어링하는데, 특히 튀김요리나 해산물요리와 잘 어울립니다.

탁주 + 느끼한 요리
탁주의 감칠맛과 청량감은 특히 음식의 느끼함을 잡아주지요. 크리스피알감자, 리조또, 강정 등 다소 느끼한 안주와 페어링합니다.

과실주 + 과일 or 디저트 or 스낵
과실주가 주는 특유의 달달함과 편안함은 마치 어린 시절 간식으로 먹었던 주스와 스낵 같은 조합을 생각나게 합니다. 과일, 디저트, 스낵 같은 가벼운 요리와 어울립니다.

10 TO 1

게맛살프리타타 with 준마이 다이긴죠

찜 15분

게맛살을 주재료로 만든 이탈리아식 달걀찜입니다. 불 없이 전자레인지로 간단하게 만들 수 있어 혼술 안주로 자주 즐기는 요리지요. 프리타타의 가벼운 느낌이 준마이 다이긴죠 특유의 술맛을 잘 살려줍니다.

INGREDIENT

게맛살 100g, 달걀 3개, 피망·양파 1/2개씩, 소금·후춧가루 약간씩, 물 5큰술, 취향에 따라 허브잎 약간

1. 게맛살은 손으로 먹기 좋은 크기로 찢는다.
2. 피망과 양파는 잘게 다진다.
3. 볼에 달걀 3개를 풀어 ①과 ②, 물을 넣고 섞다가 소금과 후춧가루로 간한다.
4. 전자레인지용 용기에 붓고 전자레인지에서 8분간 돌려 완성한다.
5. 취향껏 허브잎 몇 장을 올려 장식한다.

PAIRING

준마이 다이긴죠

쌀과 누룩으로 빚어낸 프리미엄 사케. 맑고 상쾌한 맛과 강렬한 인상이 특징이다. 17.5%로 사케 중에서도 도수가 높은 편이며, 가벼운 메뉴와 페어링 했을 때 가장 조화롭다.

COOKING TIP

프라타타에 더 부드러운 식감을 내고 싶다면 버터를 추가하세요. 기호에 따라 명란젓이나 청어알을 넣어도 맛있습니다.

10 TO 2

고등어대파파스타 with 매실원주

면요리 15분

고등어 통조림과 대파오일로 만든 파스타에 달큰한 매실향이 맴도는 매실원주를 페어링했습니다. 마치 리슬링 와인처럼 입술에 닿는 순간 달달함이 느껴지는 매실원주는 특히 담백한 생선요리와 잘 어울리지요. 퇴근 후 가벼운 술 한 잔이 생각날 때 추천하는 조합입니다.

INGREDIENT

파스타면 60g, 고등어 통조림 1캔(100g), 대파 흰부분 1/2대, 마늘 2쪽, 굴소스·소금 1작은술씩, 올리브유 약간, 면 삶은 물 1국자

1 소금 1작은술을 넣고 팔팔 끓인 물에 파스타면을 넣어 7분간 삶는다. 이때 면 삶은 물 1국자를 따로 덜어둔다.
2 고등어 통조림은 체에 밭쳐 기름을 빼고 먹기 좋은 크기로 썬다.
3 대파와 마늘은 모두 슬라이스한다.
4 팬에 올리브유를 두르고 슬라이스한 대파와 마늘을 넣고 살살 볶는다.
5 대파와 마늘의 향이 올라오는 순간 ②와 굴소스, 면 삶은 물, 삶은 파스타를 순서대로 넣고 센불에서 볶아낸다.

PAIRING

매실원주

오직 매실주로만 제조한 국내 유일의 순도 100%의 매실주. 한 달 늦게 수확해 향미가 높은 황매에 천연 꿀을 첨가해 단맛이 돌고 술이 더 부드럽다. 음주 후 다음날 숙취가 없으며 육류나 생선류와 잘 어울린다.

COOKING TIP

고등어와 파스타면을 넣을 때 너무 졸여졌다면 면 삶은 물을 추가하고, 반대로 너무 묽어졌다면 버터를 넣고 더 볶아주세요.

10 TO 3

견과류고트치즈경단 with 복순도가

디저트 10분

샴페인 같이 탄산의 청량감이 매력적인 막걸리 복순도가는 고트치즈 특유의 향과 부드러움, 견과류의 고소함과 잘 어울리지요. 도수도 6.5%로 높지 않아 술이 약한 분들도 즐기기 좋습니다. 늦은 밤 영화 한 편과 함께 즐기기 좋은 페어링입니다.

INGREDIENT

고트치즈 120g, 소금·후춧가루 약간씩, 아몬드·땅콩·잣 등의 견과류 적당량

1. 볼에 고트치즈와 소금, 후춧가루를 넣고 부드럽게 섞는다.
2. ①을 조금씩 떼어내 경단 만들듯이 동그랗게 뭉친다.
3. 아몬드, 땅콩, 잣 등의 견과류를 칼로 잘게 다진다.
4. 다진 견과류를 쟁반에 펼치고 ②를 굴려낸다.

PAIRING

복순도가

샴페인처럼 강한 탄산과 청량감을 느낄 수 있는 술이다. 은은하게 느껴지는 향이 막걸리 본연의 매력을 드러낸다. 단맛보다는 산미가 강하며 가벼운 바디감이 특징이다.

COOKING TIP

소금과 후춧가루로 간한 고트치즈는 너무 되거나 너무 묽어도 모양이 잡히지 않아요. 너무 되직하다면 레몬즙을 추가하고 너무 묽다면 다진 견과류를 약간 넣고 섞으세요.

10 TO 4

반건조오징어튀김과 스리라차마요 with 산토리니 하이볼

튀김 10분

맥주에 치킨이 있다면 산토리니에는 오징어 튀김이지요. 그만큼 최적의 페어링을 자랑합니다. 탄산수에 위스키를 넣고 제조한 산토리니 하이볼은 튀김류와 특히 잘 어울립니다. 손쉽게 준비하기 좋아요.

INGREDIENT

반건조 오징어 1마리, 녹말가루 2큰술, 후춧가루 1작은술, 취향에 따라 마늘 슬라이스 약간

- **스리라차마요소스** 마요네즈 2큰술, 스리라차소스 1큰술, 식초 1작은술

1 반건조 오징어를 먹기 좋게 결에 따라 썬다.
2 위생봉지에 ①의 오징어와 녹말가루, 후춧가루를 넣고 흔든다.
3 180℃의 에어프라이기에 ②를 넣고 5분간 튀긴다. 이때 마늘 슬라이스를 넣어도 좋다.
4 분량의 재료를 모두 섞어 스리라차마요소스를 완성해 곁들인다.

PAIRING

산토리니 하이볼

20~30대 젊은 세대에서 마니아층을 형성한 칵테일이다. 독주인 산토리니 위스키에 탄산수와 얼음을 섞어 주량에 따라 도수를 조절할 수 있다. 튀김 요리와 좋은 매칭을 이룬다.

COOKING TIP

반건조 오징어는 반드시 결을 따라 썰어야 질기지 않아요. 소스에 멸치액젓이나 피시소스 한 방울을 추가하면 더 맛깔스러워집니다.

花

10 TO 5

골뱅이에스카르고 with 경주법주 화랑

무침 15분

골뱅이 통조림으로 프랑스식 달팽이 요리인 에스카르고를 만들었습니다. 파슬리버터소스의 풍미와 쫄깃한 골뱅이의 식감이 법주의 은은한 향과 어울리지요. 유학시절의 즐기던 맛과 향이 떠올라 마음이 따듯해지는 페어링입니다.

INGREDIENT

골뱅이 통조림 1캔(230g), 빵가루 약간

- **파슬리버터소스** 버터 3큰술, 빵가루·다진 파슬리 2큰술씩, 다진 마늘 1/2큰술

1 골뱅이 통조림을 체에 밭쳐 물기를 제거한다.
2 분량의 재료를 섞어 파슬리버터소스를 만든다.
3 파슬리버터소스에 준비한 골뱅이를 넣어 섞는다.
4 오븐용 용기에 ③을 담고 약간의 빵가루를 뿌린다.
5 180℃로 예열한 오븐에서 5분간 구워낸다.

PAIRING

경주법주 화랑

우리나라를 대표하는 전통주 중의 하나인 법주는 쌀과 누룩으로 빚는 술이다. 특히 100일 이상 숙성시켜 만드는 경주 지역의 법주가 유명하다. 쌀과 누룩 이외에 국화, 솔잎 등을 넣어 빚기도 한다.

COOKING TIP

프랑스식 골뱅이 요리를 집에서 간단하게 즐길 수 있습니다. 파슬리버터소스의 색이 약해 보이면 파슬리를 더 추가하세요. 믹서를 사용하면 더 간편해요.

10 TO 6

칠리땅콩버터소스와 진미채 with 국순당 명작

무침 10분

매콤달콤한 진미채에 목넘김이 가벼운 청주인 국순당 명작을 매칭했습니다. 진미채는 짧은 시간에 쉽게 만들 수 있는 메뉴로 육포 같은 간단한 안주가 필요할 때 준비하기 좋지요. 퇴근 후 속전속결로 혼술을 즐기고 싶을 때 가벼운 바디감의 술과 깔끔한 메뉴로 추천합니다.

INGREDIENT

진미채 100g, 빨강 파프리카 1/6개

- **땅콩소스** 마요네즈 2큰술, 다진 땅콩·칠리소스 1큰술씩, 식초 1/2큰술, 참기름 1/2작은술

1 진미채가 딱딱하면 물에 잠시 담갔다가 물기를 제거한다.

2 파프리카는 진미채 굵기로 채썬다.

3 분량의 재료를 모두 섞어 땅콩소스를 만든다.

4 ③에 준비한 진미채를 넣어 버무린다.

PAIRING

국순당 명작

국순당 명작은 복분자로 빚은 과실주다. 13% 도수의 술로 단맛과 신맛의 조화가 뛰어나다. 복분자 특유의 신선하고 달콤한 맛과 향이 특징. 신맛과 바디감이 덜해 입안에 상쾌함을 남긴다.

COOKING TIP

진미채 무침용 소스는 기호에 따라 재료를 가감해도 좋아요. 고수 또는 스리라차소스를 더해도 맛이 색다르지요. 진미채는 부드러운 타입으로 선택하세요.

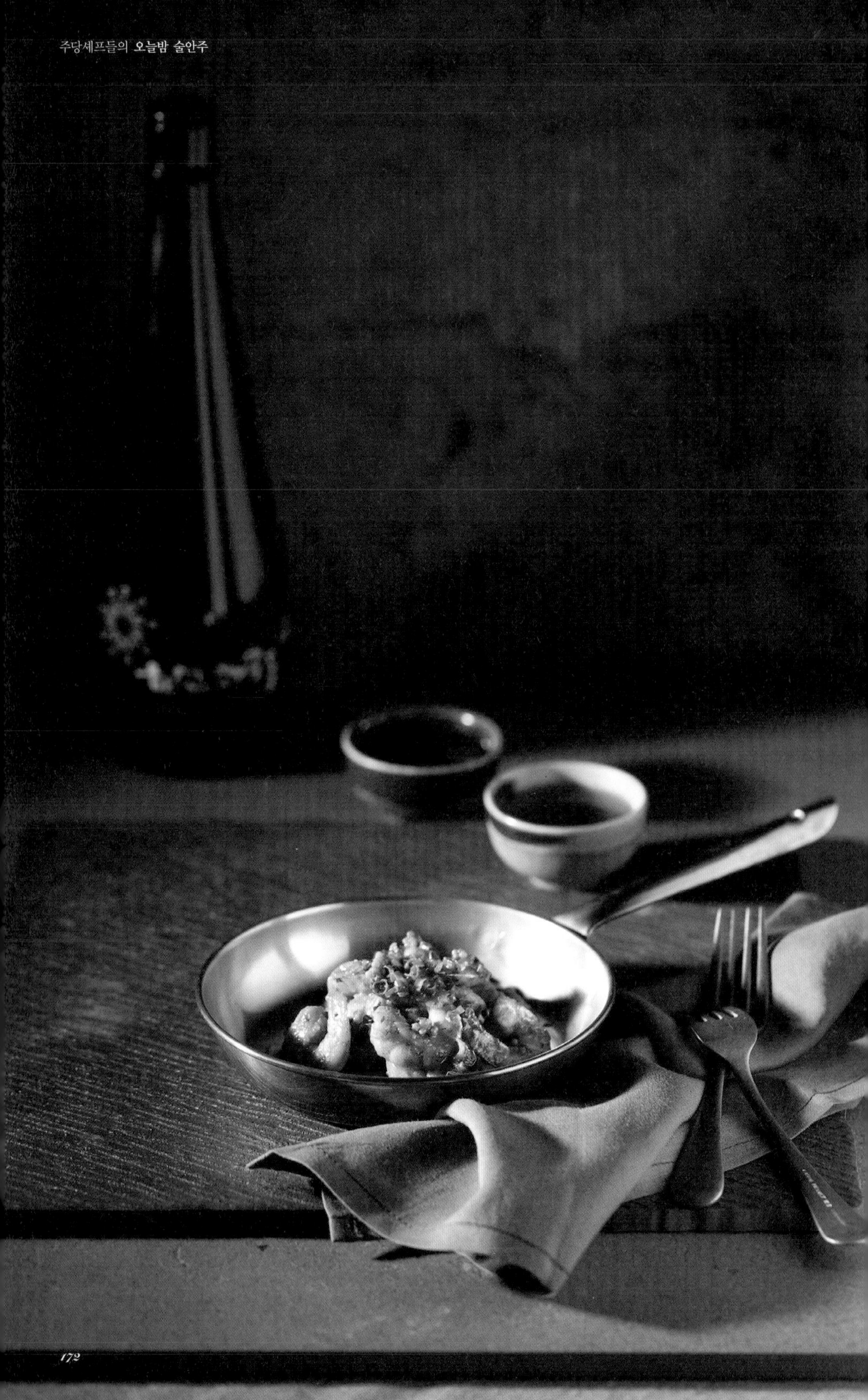

10 TO 7

땅콩버터칠리새우 with 한산 소곡주

볶음 15분

중식이 당기는 날 간단하게 만드는 안주입니다. 깐쇼새우를 오마주로 땅콩의 고소함과 칠리소스의 매콤함을 살렸지요. 진한 화이트와인 느낌의 한산 소곡주와 페어링하면 독특한 감칠맛이 납니다. 술잔에 담긴 찹쌀, 누룩, 생강, 홍고추 등 다양한 곡물의 향기가 조화를 이뤄요.

INGREDIENT

알새우 또는 칵테일새우 15마리, 양파 1개, 다진 마늘·버터 1작은술씩, 올리브유 4작은술, 취향에 따라 쪽파 약간

- **땅콩버터칠리소스** 식초 2큰술, 땅콩버터·칠리소스 1큰술씩, 레몬즙 1개분, 물 3큰술

1 분량의 재료를 모두 섞어 땅콩버터칠리소스를 만든다.
2 양파를 식감이 느껴질 크기로 다진다.
3 팬에 버터와 올리브유를 두르고 새우를 넣고 볶는다.
4 새우가 어느 정도 익으면 다진 양파와 다진 마늘, 그리고 ①의 소스를 넣고 센불로 높여 모두 어우러지도록 볶는다.
5 취향에 따라 쪽파를 송송 썰어 장식한다.

PAIRING

한산 소곡주

충남 서천군 한산면에서 제조되는 전통 약주다. 공식 만찬주로 선정되어 '청와대의 술'로도 불린다. 오랜 숙성으로 깊은 향과 감칠맛을 내며 달콤함과 높은 바디감을 지녔다. 마치 수정과를 마시는 듯한 느낌으로 매콤한 요리와 잘 어울린다.

COOKING TIP

버터와 올리브유를 두른 팬에서 새우부터 익히고 소스와 다진 채소를 넣어야 소스와 채소가 타지 않아요. 소스가 달게 느껴지면 레몬즙과 식초의 양을 늘려주세요.

10 TO 8

미트소스가지구이 with 간바레 오또상

구이 15분

채소 베이스의 간단한 지중해식 메뉴에 젊은이들의 사케라 불리는 간바레 오또상을 페어링했습니다. 부담 없이 즐기기 좋은 혼술상이지요. 시판 소스를 활용한 간단 메뉴로 가지의 모양을 살린 비주얼도 특별해요.

INGREDIENT

가지 1개, 미트소스 1컵, 피망·양파 1/2개씩, 마늘 2쪽, 파마산치즈·올리브유 적당량, 소금·후춧가루 약간씩

1 피망과 양파, 마늘은 잘게 다진다.
2 팬에 미트소스와 다진 피망과 양파, 마늘을 넣고 약불에서 졸여질 정도로 끓인다.
3 가지를 반 갈라 올리브유와 소금 후춧가루를 뿌린 후 180℃로 예열한 오븐에서 10분간 굽는다.
4 구운 가지 위에 ②를 올리고 오븐에 넣어 5분간 더 굽는다.
5 완성한 가지구이를 꺼내 파마산치즈를 뿌려 마무리한다.

PAIRING

간바레 오또상

일본 나가타현의 고시히카리 품종으로 만든 사케로 국내에서도 인기가 높다. 캐주얼한 우유 팩 패키지와 부담 없는 가격으로 출시 당시부터 직장인에게 사랑받았다. 도수는 소주와 비슷하지만 맛은 더 부드럽다.

COOKING TIP

가지의 크기에 따라 오븐에서 굽는 시간을 조절하세요. 가지를 구울 때 올리브유, 소금, 후춧가루 외에 타임 등의 허브가루를 뿌려도 좋습니다.

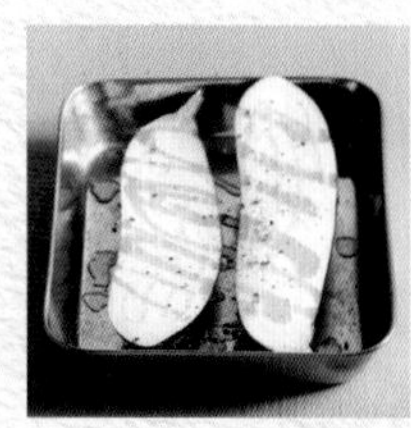

10 TO 9

크리스피알감자 with 느린마을 생 막걸리

구이 15분

알감자를 에어프라이어에 구워 소스에 무쳐낸 메뉴입니다. 과일향처럼 올라오는 은은한 단맛의 느린마을 생 막걸리와 페어링했지요. 맥주의 목넘김과 비슷한 특별한 탁주의 맛이 크리스피알감자와 조화를 이룹니다. 적당히 포만감을 느끼면서 빠르게 한 잔 하고 싶을 때 추천합니다.

INGREDIENT

알감자 150g, 녹말가루 2큰술, 취향에 따라 허브잎 약간

- **레몬요구르트소스** 플레인 요구르트 100g, 레몬즙 1개분, 레몬제스트 1/2개분, 소금·후춧가루 약간씩, 취향에 따라 파슬리 약간

1 알감자는 반 갈라 깨끗이 씻는다.

2 위생봉지에 반 가른 알감자와 녹말가루를 넣고 흔들어 가루를 묻힌다.

3 분량의 재료를 모두 섞어 레몬요구르트소스를 만든다.

4 180℃의 에어프라이어에 ②를 넣고 10분간 굽는다.

5 구운 알감자에 레몬요구르트소스를 버무려 그릇에 담고 취향에 맞는 허브잎을 올려 장식한다.

PAIRING

느린마을 생 막걸리

쌀, 물, 그리고 누룩만을 이용해서 빚는 전통주다. 인공 감미료 없이 자연 발효만으로 만들어져 계절마다 각기 다른 향과 맛을 느낄 수 있다. 적당한 단맛과 청량감이 특징.

COOKING TIP

알감자의 크기나 모양에 따라 에어프라이어에서 굽는 시간을 조절하세요. 단, 에어프라이어는 180~190℃를 유지해야 녹말의 바삭함이 느껴져요.

10 TO 10

미소마요치킨부리토 with 문경바람

부리토 15분

저녁을 거르고 퇴근한 날, 포만감과 함께 하루를 마무리하기 좋은 조합입니다. 문경바람은 유기농 문경사과로 만든 사과증류주로 향이 강하고 달콤하지요. 가볍게 탄산이나 얼음을 넣은 온더록으로 즐기기 좋아요. 소금 대신 미소로 맛을 낸 건강식 부리토와 곁들입니다.

INGREDIENT

닭 넓적다리살 200g, 알감자 150g, 토마토·당근·빨강 피망 1/2개씩, 적양파 1/4개, 녹말가루 2큰술, 올리브유 약간, 취향에 따라 허브잎 약간, 소금·후춧가루 약간씩

- **미소마요소스** 마요네즈 3큰술, 꿀·식초 1작은술씩, 미소 1/2작은술, 소금·후춧가루 약간씩

1 닭 넓적다리살은 얇게 썰어 소금과 후춧가루로 5분간 밑간한다.
2 팬에 올리브유를 두르고 밑간한 닭 넓적다리살을 바삭하게 굽는다.
3 토마토와 당근, 빨강 피망, 적양파는 모두 적당한 두께로 채썬다.
4 분량의 재료를 모두 섞어 미소마요소스를 만든다.
5 기름을 두르지 않은 팬에 부리토를 올려 살짝 굽는다.
6 ⑤에 ④의 미소마요소스를 바르고 준비한 재료를 모두 넣고 만다.

PAIRING

문경바람
유기농, 무농약 문경사과를 원료로 제조한 사과증류주. 오크통에서 숙성시켜 삼나무향과 강한 단맛이 느껴진다. 견과류부터 육류까지 다양한 메뉴와의 페어링이 가능하다.

COOKING TIP
구운 부리토에 미소마요소스를 바른 후 준비한 속재료들을 넣고 돌돌 말아줍니다. 마지막에 소스를 발라 붙여주는 것도 잊지 마세요. 취향에 따라 고수를 더해도 좋아요.

소고기깻잎타르타르 무침 10분

소고기 육회와 타르타르를 퓨전시킨 간단한 메뉴에 탁주를 페어링했습니다. 마치 육회와 막걸리를 함께 맛보는 느낌이지요. 기름기 없는 담백한 우둔살에 깻잎의 향긋함을 탁주와 즐기세요.

INGREDIENT

소고기 우둔살 120g, 깻잎 6장, 취향에 따라 허브 약간

- **타르타르소스** 올리브유·발사믹식초 1큰술, 마요네즈 1/2큰술, 디종 머스터드 1/2작은술, 소금·후춧가루 약간씩

1. 소고기 우둔살을 적당한 크기로 다진다.
2. 분량의 재료를 모두 섞어 타르타르소스를 만든다.
3. 깻잎을 돌돌 둥글에 말아 곱게 채썬다.
4. 소고기 우둔살과 타르타르소스, 깻잎채를 모두 한데 섞는다.
5. 원형 모양을 잡아 접시에 담고 취향에 따라 허브로 장식한다.

COOKING TIP

우둔살은 어느 정도 크기로 다져주세요. 그래야 고기의 식감을 살릴 수 있어요. 달걀노른자나 타바스코소스를 1~2방울 추가해도 좋아요.

with **탁주**

비엔나볼로네제오믈렛 오믈렛 15분

토마토소스와 비엔나소시지를 올린 오믈렛입니다. 달걀말이를 이탈리아식 미트소스에 접목시켰지요. 탁주의 감칠맛과 청량감이 오믈렛의 맛을 풍부하게 해줍니다.

INGREDIENT

달걀 3개, 비엔나소시지 8개, 양파 1/2개, 토마토소스 1컵, 체다치즈 슬라이스 1장, 올리브유·피자치즈 약간씩

1 비엔나소시지는 어슷썰고 양파는 잘게 썬다.
2 팬에 올리브유를 두르고 ①의 비엔나소시지와 양파를 볶는다.
3 ②에 토마토소스와 체다치즈 슬라이스를 넣고 졸인다.
4 볼에 달걀 3개를 풀어 팬에서 스크램블을 하듯 오믈렛을 만든다.
5 오믈렛이 완성되면 ③을 올리고 피자치즈를 뿌려낸다.

COOKING TIP

오믈렛 위에 소스를 붓는 메뉴이므로 오믈렛 모양에 신경쓰지 않아도 됩니다. 자투리 채소를 다져 넣어도 좋아요.

with **탁주**

순대강정 튀김 10분

어릴 적 분식집에서 맛보던 순대튀김을 떠올리며 만든 메뉴입니다. 먹고 남은 순대를 매콤한 안주로 바꿔보세요. 느끼함을 잡아주는 청량한 탁주와 함께 즐겨요.

INGREDIENT

순대 100g, 땅콩 분태 소량, 장식용 팽이버섯 약간

매콤칠리소스 칠리소스 2큰술, 고추장·간장·케첩·딸기잼·다진 마늘 1작은술씩, 고춧가루·소금·후춧가루 약간씩

1 순대는 적당한 두께로 원형 슬라이스해 180℃의 에어프라이어에서 5분간 튀긴다.
2 분량의 재료를 모두 섞어 매콤칠리소스를 만든다.
3 ②에 튀긴 순대를 넣고 버무린다.
4 땅콩 분태를 뿌리고 장식용 팽이버섯을 살짝 구워 올린다.

COOKING TIP

순대볶음처럼 팬에 볶아도 맛있습니다. 원하는 채소가 있다면 적당한 크기로 잘라 곁들여 볶아요.

with **탁주**

양송이참치크림소스그라탕 그라탕 10분

양송이 속을 참치 통조림과 크림소스로 채운 핑거푸드 그라탕입니다. 버섯의 즙이 그라탕 안에 가득 담겨 입안에서 터지지요. 단맛, 신맛, 떫은맛이 잘 어울리는 탁주가 크림소스의 느끼함을 잡아줍니다.

INGREDIENT

양송이버섯 4개, 파슬리가루 1작은술

- **참치크림소스** 참치 통조림 1캔(100g), 다진 양파 1/4개분, 크림소스 1컵(100g), 소금·후춧가루 약간씩

1. 양송이버섯의 심지를 칼을 이용해 제거한다.
2. 분량의 재료를 모두 섞어 참치크림소스를 만든다.
3. 심지를 제거한 양송이버섯 안쪽에 참치크림소스를 채운다.
4. 180℃로 예열한 오븐에서 5분간 구워내 파슬리가루를 뿌려 마무리한다.

COOKING TIP

참치크림소스에 옥수수콘을 넣고 마지막에 치즈를 뿌리면 콘치즈 느낌도 낼 수 있습니다. 토마토소스와도 잘 어울려요.

with **탁주**

갈릭버터족발 구이 8분

먹고 남은 족발로 색다른 안주를 생각하다 만든 레시피입니다. 독일의 전통음식인 슈바인학센을 떠올려 남은 족발을 에어프라이어에 튀겼지요. 저녁을 거른 날, 차가운 사케와 함께 즐깁니다.

INGREDIENT

완제품 족발 1팩 또는 남은 족발 250g, 장식용 깻잎·무쌈 1장씩
- **갈릭버터소스** 녹인 버터 2큰술, 다진 마늘·물엿 1/2큰술씩, 후춧가루 약간

1. 분량의 재료를 모두 섞어 갈릭버터소스를 만든다.
2. 볼에 남은 족발과 갈릭버터소스를 넣어 버무린다. 이때 소스는 약간 덜어둔다.
3. 180℃의 에어프라이어에 넣고 5분간 굽는다.
4. 에어프라이어에서 꺼내어 ②의 남은 소스를 얹는다.
5. 접시에 담고 깻잎과 무쌈 등으로 장식한다.

COOKING TIP

에어프라이어가 없으면 팬에 기름을 두르고 볶으면서 조리하세요. 족발에서 기름이 많이 나올 수 있으니 키친타월로 한 번 닦아줍니다.

with **사케**

어묵튀김과 깻잎마요 튀김 10분

요즘 프랜차이즈 술집에서 유행하는 어묵튀김을 집에서 만들어봤습니다. 마요네즈소스에 깻잎을 더해 느끼함을 잡아주지요. 사케를 곁들여 맛의 궁합을 이룹니다.

INGREDIENT

어묵 150g, 장식용 깻잎 1~2장

- **깻잎마요소스** 깻잎 5장, 마요네즈 2큰술, 식초 1작은술, 설탕·소금·후춧가루 약간씩

1. 어묵을 먹기 좋은 길이로 채썬다.
2. 채썬 어묵을 180℃의 에어프라이어에 넣어 8분간 튀긴다.
3. 장식용과 소스용 깻잎은 모두 돌돌 말아 곱게 채썬다.
4. 분량의 재료를 모두 섞어 깻잎마요소스를 만든다.
5. 볼에 튀긴 어묵과 깻잎마요소스를 넣고 버무리거나 각각 세팅해 즐긴다. 장식용 깻잎채를 함께 뿌려낸다.

COOKING TIP

모든 종류의 어묵으로 조리가 가능합니다. 깻잎마요소스에 타바스코소스나 케첩을 2~3방울 더하면 색다른 소스가 완성됩니다.

with **사케**

- **레몬드레싱** 간장·설탕·식초·물 2큰술씩, 굴소스 1/2큰술, 참기름 1/2작은술, 레몬즙 1/2개분, 레몬제스트 1/2개분

1. 양파와 양상추, 피망, 오이, 고추는 모두 채썬다.
2. 분량의 재료를 모두 섞어 레몬드레싱을 만든다.
3. 치킨을 먹기 좋은 크기로 썰거나 손으로 찢는다.
4. 접시에 ③의 치킨과 채썬 채소를 담고 레몬드레싱을 뿌린다.
5. 장식용 쪽파를 송송 썰어 뿌린다.

다. 드레싱을 치킨 위에 바로 올리면 치킨이 눅눅해질 수 있으니 반드시 채소 위에 뿌려주세요.

with 사케

차돌박이고추냉이비빔라면 면요리 10분

이자카야에서 접할 수 있는 고추냉이 갈비를 손쉽게 대패 차돌박이와 면요리로 재해석한 안주입니다. 단맛과 쓴맛이 동시에 느껴지는 사케와 페어링하면 집에서도 이자카야 분위기를 낼 수 있지요. 육쌈냉면처럼 차돌박이와 라면을 한입에 즐겨요.

INGREDIENT

라면사리 1개, 차돌박이 80g, 양파 1/2개,
식용유·장식용 쪽파 약간씩

- **고추냉이소스** 간장 1큰술, 고추냉이 1작은술, 설탕·식초 1/2작은술씩, 고춧가루·후춧가루 약간씩

COOKING TIP

고추냉이소스에 시판 비빔면 소스를 추가하면 또 다른 느낌의 소스가 완성됩니다. 달걀을 하나 풀어 넣어도 맛있어요.

1. 볼에 분량의 모든 재료를 넣고 섞어 고추냉이소스를 만든다.
2. 라면사리는 끓는 물에 3분간 삶아 찬물에 헹궈 물기를 제거한다.
3. 양파는 아주 얇게 채썬다.
4. 팬에 식용유를 살짝 둘러 차돌박이를 넣고 볶는다.
5. ④에 삶은 라면사리와 고추냉이소스를 넣고 한 번 더 볶는다.
6. 접시에 덜고 얇게 채썬 양파를 올린 후 장식용 쪽파를 송송 썰어 뿌려낸다.

with **사케**

부라타치즈와 미나리페스토 무침 10분

바질페스토를 한국적 재료로 만든 페스토와 부라타치즈입니다. 부드러운 식감의 부라타치즈와 고소한 미나리페스토가 어우러져 맑고 투명한 청주와 페어링하면 입안이 상쾌해져요.

INGREDIENT

부라타치즈 1개, 방울토마토 6개

미나리페스토 미나리 100g, 올리브유 5큰술, 파마산치즈 2큰술, 잣 1큰술, 소금·후춧가루 약간씩

COOKING TIP

미나리를 끓는 물에 10초간 데쳤다가 찬물에 헹궈 사용하면 페스토의 보존 기간을 늘릴 수 있습니다.

1. 부라타치즈를 체에 올려 물기를 제거한다.
2. 방울토마토를 반으로 자른다.
3. 미나리는 장식용으로 잎 부분만 약간 떼어내 따로 둔다.
4. 믹서에 분량의 재료를 모두 넣고 갈아 미나리페스토를 만든다.
5. 접시에 부라타치즈와 방울토마토, 미나리페스토를 담고 ③의 미나리잎을 올린다.

with **청주**

닭가슴살무쌈구절판 쌈 10분

궁중요리인 구절판을 집에서 간단하게 즐길 수 있는 메뉴입니다. 건강하고 담백한 요리로 맑은 청주와 즐기기 좋지요. 특히 봄, 여름에 차갑게 마시는 청주와 곁들이면 깔끔한 페어링을 이룹니다.

INGREDIENT

완제품 닭가슴살 1팩(190g), 라이스페이퍼 1개, 당근·양파·피망 1/4개씩, 무쌈 적당량

- **연겨자소스** 식초 1큰술, 간장 1/2큰술, 들깨·연겨자·설탕 1작은술씩

COOKING TIP

연겨자소스의 간장과 설탕 대신 집에 있는 장아찌 간장이나 매실 간장을 넣어도 좋습니다.

1 완제품 닭가슴살은 먹기 좋게 찢는다.
2 당근과 양파, 피망은 얇게 채썬다.
3 라이스페이퍼를 미지근한 물에 담갔다 꺼낸다.
4 분량의 재료를 모두 섞어 연겨자소스를 만든다.
5 ③의 라이스페이퍼를 펴고 닭가슴살, 채썬 채소를 올려 돌돌 만다.
6 적당한 크기로 썰어 접시에 담고 ④의 연겨자소스를 뿌려낸다.
7 접시에 담고 무쌈을 함께 곁들인다.

with **청주**

장조림리소토 리소토 10분

시판 죽으로 만들어본 리소토입니다. 시판 소고기 죽에 크림과 치즈를 더해 풍미를 높였지요. 간장과 크림의 맛의 조화가 청주의 깨끗함과 잘 어울립니다. 뜨거운 죽과 차가운 청주의 조화가 일품이지요.

INGREDIENT

완제품 소고기 죽 1개(280g), 소고기 장조림 통조림 1캔(80g), 생크림 1컵(100g), 파마산치즈 약간, 버터 1작은술

1 작은 냄비에 완제품 소고기 죽을 담는다.
2 소고기 장조림과 생크림을 넣고 약불에서 5분간 끓인다.
3 파마산치즈와 버터를 넣고 약불에서 농도를 맞추어 완성한다.

COOKING TIP

생크림을 넣기 전 화이트와인을 조금 넣으면 산뜻한 맛이 납니다. 파마산치즈와 버터로 농도를 맞춰요.

with 청주

민트참치따불레 샐러드 10분

무더위에 지쳐 사라진 입맛을 찾아주는 새콤한 콜드 샐러드입니다. 민트가 주는 상쾌함과 다양한 채소, 잡곡의 고소함이 맑고 청량감 있는 청주와 최상의 페어링을 이루지요. 차가운 청주를 준비하세요.

INGREDIENT

참치 통조림 1캔(100g), 잡곡 햇반 1개(130g), 민트잎 5장, 빨강 피망·초록 피망·적양파 1/4개씩, 오이 1/5개, 장식용 깻잎 1장

• **비네거소스** 올리브유 2큰술, 레드와인 비네거 1큰술, 디종 머스터드 1작은술, 소금·후춧가루 약간씩, 들기름 2방울

COOKING TIP

허브는 최대한 마지막에 넣어요. 허브가 비네거소스에 젖어 있으면 허브의 향이 줄어들 수 있어요.

1. 참치 통조림은 체에 밭쳐 기름을 제거한다.
2. 피망과 적양파, 오이는 작은 큐브 모양으로 썬다.
3. 분량의 재료를 모두 섞어 비네거소스를 만든다.
4. 볼에 준비한 모든 재료와 비네거소스를 넣고 섞는다.
5. 모양을 잡아 접시에 담고 장식용 깻잎을 곱게 채썰어 올린다.

with **청주**

파스타튀김 튀김 15분

집에 남은 파스타로 즐기는 스낵 안주입니다. 과자에 주스 한 잔을 마시듯 간단하고 편안한 분위기의 디시와 술을 원할 때, 신선하고 달달한 과일주와 파스타 튀김의 페어링을 추천합니다.

INGREDIENT

원하는 모양의 쇼트 파스타 1줌, 꿀 또는 메이플시럽·물 1큰술씩
- **시즈닝** 설탕 1큰술, 소금·후춧가루 1작은술씩, 계피가루 약간

1 원하는 모양의 쇼트 파스타를 180℃의 에어프라이어에 넣어 8분간 튀긴다.
2 분량의 재료를 모두 섞어 시즈닝을 만든다.
3 꿀 또는 메이플시럽을 동량의 물에 희석한다.
4 볼에 에어프라이어에 튀긴 쇼트 파스타와 ③을 넣어 버무린다.
5 ④에 시즈닝을 얹어 마무리한다.

COOKING TIP

계피가루 대신 마늘이나 바질가루로 시즈닝을 만들어도 좋아요. 취향대로 선택하세요.

with **과실주**

수박가스파초 냉수프 5분

이탈리아 얼음 디저트인 그라니타에서 아이디어를 얻은 초간단 여름 메뉴입니다. 수박의 시원함에 민트잎의 향긋함을 추가했지요. 살짝 얼려 과일주와 페어링하면 시원함이 배가됩니다. 레시피는 간단하지만 풍미는 상상 그 이상입니다.

INGREDIENT

수박 1/8통, 민트잎 5장, 꿀 2큰술, 장식용 민트잎 약간

1 수박은 적당한 크기로 자르고 씨를 제거해 과육만 준비한다.
2 믹서에 씨를 제거한 수박과 민트잎, 꿀을 넣고 갈아준다.
3 비주얼 효과를 내고 싶다면 수박을 약간 남겨 작은 스쿱으로 원형을 만들어 띄운다.
4 장식용 민트잎을 띄워 마무리한다.

COOKING TIP

미지근한 꿀에 로즈마리를 조금 넣고 30분 정도 두었다가 사용하면 풍미가 더욱 좋아집니다.

with 과실주

두부티라미수 디저트 10분

유제품 알러지로 고생하거나 다이어트 중에도 걱정 없이 즐길 수 있는 저칼로리 디저트입니다. 스트레스가 쌓인 날, 단 음식이 당길 때 달달한 과일주와 페어링합니다.

INGREDIENT

두부 1/2모, 초콜릿 100g, 필라델피아 크림치즈 1큰술(50g), 우유 2큰술, 버터 1/2큰술, 코코아파우더 소량

1 초콜릿과 우유, 버터를 중탕볼에 넣고 약불에서 중탕한다.
2 믹서에 크림치즈와 두부를 넣고 곱게 간다.
3 컵에 ①을 넣고 ②를 올린 후 코코아파우더를 뿌려낸다.
4 장식 효과를 원한다면 컵에 ①을 넣을 때 모양을 내준다.

COOKING TIP

필라델피아 크림치즈 대신 마스카포네치즈를 사용해도 맛있습니다. 식빵에 에스프레소를 적셔 곁들여도 좋아요.

with **과실주**

노르웨이안샌드위치 샌드위치 10분

과실주와 페어링하기 좋은 샌드위치입니다. 부드러운 식감을 좋아하는 분께 권해요. 여름밤 간단한 식사 대용으로 혼술을 준비할 때 추천하는 페어링입니다.

INGREDIENT

생 연어 180g, 양상추 2장, 토마토 슬라이스 2장, 치아바타 빵 1개

- **오이요구르트스프레드** 오이 1/5개, 플레인요구르트 3큰술, 레드와인 비네거 1큰술, 고춧가루·소금·후춧가루 약간씩

COOKING TIP

연어를 고를 때 기름진 맛을 좋아한다면 배 쪽을, 담백한 맛을 좋아한다면 등 쪽을 선택하세요.

1. 생 연어는 샌드위치에 평평하게 넣을 수 있도록 얇게 썬다.
2. 오이는 식감이 느껴질 정도로 다져 남은 재료와 섞어 오이요구르트스프레드를 만든다.
3. 준비한 치아바타 빵을 반 갈라 오이요구르트스프레드를 바른다.
4. 그 사이에 준비한 양상추와 토마토 슬라이스, 연어를 풍성하게 넣어 마무리한다.

with **과실주**

주당셰프들의 오늘밤 술안주

2022년 4월 25일 2쇄 발행

저자 이재훈·임철호·정지선·안재현
펴낸이 문영애
사진 박영하 여름.夏스튜디오
디자인 8ightball Studio
푸드스타일링 김지현
협찬처 윤현상재
인쇄/출력 도담프린팅

펴낸곳 수작걸다
주소 경기 용인시 수지구 동천로64
이메일 suzakbook@naver.com
인스타그램 @suzakbook

ISBN 978-89-6993-033-0 (13590)